《台灣茶人採訪錄》內容說明

本書採錄台灣現代茶人37位，絕大部分是1980年代完成的原稿，且曾刊載於《中華茶藝》雜誌，依刊出時間的先後做為編排順序。現在來讀本書，更覺「彌足珍貴」，可以獲得下面數點好處。

㈠從這些茶人的觀點和狀況，我們可以認識台灣茶文化的變化和發展情形。

㈡從這些茶人的所言所行，今天我們來檢驗其結果，可以了解一位真正茶人的品德和格調。

㈢從這些茶人的點點滴滴裡，我們可以了解台灣現代茶藝的發展過程，做為歷史的殷鑑。

㈣從這些茶人的蛛絲馬跡中，我們可以做為觀察、論斷、印證一個人，一個社會或是一段歷史。

因此，本書可以當做歷史書來讀，也可以做為人物傳記來看，更可以當做台灣產業文化史的研究參考資料。

台灣茶人採訪錄

范增平著

目次

序 1 ／范光群
序 2 ／劉啓貴
自序

李瑞河 揚名中外的茶業經營者 17
談茶葉連鎖店的經營戰略

林復 台灣區製茶公會總幹事 35
談台茶的過去與未來

劉榮標 茶葉抗癌研究先驅 44
談泡茶、喝茶、研究茶

鄭添福 優良茶特等獎得主 58
談優良茶的製造方法

蔡榮章 茶藝文化拓荒者 66
談陸羽茶藝中心經營理念

鄧景衡茶葉地理學博士 …… 82
談茶園、茶區、茶比賽

張再基怡園主人 …… 92
談寒夜客來茶當酒

戴清村陶藝設計家 …… 102
談台灣壺藝發展史

陳漢東中華茶藝獎冠軍 …… 117
談中華茶藝獎選拔賽

陳慈玉日本東京大學博士 …… 121
談中國近代茶業史

潘栢世哲學老師 …… 130
談工夫茶的喝茶哲學

陳薇《魏三爺與我》作者 …… 136
談魏景蒙的茶藝生活

黃正敏惠美壽總經理 …… 140
談台灣茶業何去何從

李瑞賢 天仁茗茶總經理 150
談台灣茶業的現代化

林康雄 中國鐵鞋 166
談喜馬拉雅山上特有茶風味

李勝治 茶專員 177
談製茶賣茶買茶

林二 電腦音樂家 188
談喝茶與歌曲創作

陳景亮 茶壺亮、亮茶壺 195
談台灣茶壺的發展方向

鄭金連 茶鄉鄉長 208
談文山包種茶

林勤霖 現代畫家 215
談茶與現代畫

潘燕九 自稱茶仙的茶菜啓蒙人 222
漫談茶藝文化

吳發祥外交官元老 234
談美國傳茶藝

范光陵中國電腦之父 242
談電腦與茶文化的結合

蘇石鐵道道地地的凍頂茶主人 251
談凍頂茶的經營理念

秦于森雕壺小姐 255
談雕壺的歷程

徐運金茶藝室內設計師 262
談太極與茶藝

劉漢介泡沫紅茶的開拓者 267
談茶藝理念

婁子匡國寶級民俗家 272
談茶藝的由來

李友然中國茶館館主 278
談中國茶道

白宜芳台灣野生茶研究者 284
談台灣蒔茶與野生茶

邱苾玲快樂家庭主持人 288
談前世因緣喝茶經

劉興爐茶業界的門外漢 295
談製作茶藝影片

吳振鐸茶藝協會榮譽理事長 299
談現階段台茶的問題

邱再發台灣茶業改良場場長 307
談台灣茶業政策

李團居茶商公會理事長 312
談茶葉銷售問題

沈征郎茶道文摘發行人 315
談台灣茶文化

花松村茶藝協會的開創者 323
談台灣第一個茶藝協會

序 1

認識茶人的理想和特質

我台灣先民，披荊斬棘，走過篳路藍縷的年代，付出了不知多少的血汗和精力，有了今天的昌盛繁榮。

回顧一百多年來，台灣經濟的發展，主要奠基在茶業、糖業和樟腦業的深厚產業基礎上，其中，茶業的發展一直延續到今天，並且成為台灣文化的特色之一。

茶文化現在已經是台灣文化的一部分，它從產業文化走向文化產業，從經濟商品走向文化載體，台灣文化藉著茶文化傳播到世界各地，促使台灣文化成為世界文化的一部分，這是台灣茶文化給世界人類的一大貢獻。

雖然如此，但是，茶產業轉變成茶文化，卻不是一蹴可幾的過程，這幾十年來，台灣的茶人為這轉型做出了很多的努力，也許是茶和我們的生活太密切，所謂的「開門七件事，柴米油鹽醬醋茶」，所以，反而常常讓我們忽略了那些茶人的努力和貢獻，也忽視了茶文化的重要性。

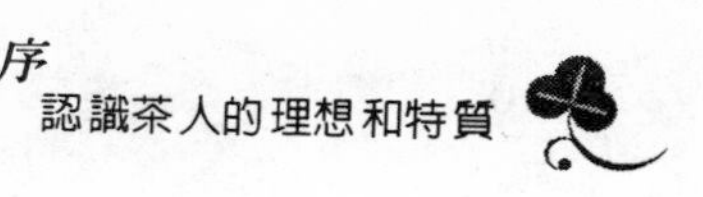

《台灣茶人採訪錄》，探錄了將近四十位在茶文化各個方面努力的茶人，讓我們了解他們在做些什麼？也讓我們認識茶人的理想和特質，這是很有意義的一件事。台灣今天所以充滿生命力、創造力、包容力和多元性的文化，就是因為有在各個領域中不斷努力、追求理想的大眾，這是格外值得我們驕傲的。

范增平先生，二十多年來孜孜不倦的探討台灣茶業的發展，默默的從事茶文化的研究工作，已經出版了《台灣茶業發展史》、《茶藝學》等多本著作，最近又將出版《台灣茶人採訪錄》一書，一位民間人士，為茶付出如此大的心力，做了那麼多的貢獻，堪稱「台灣茶藝的重要發揚者」。

在此，期盼范增平先生的著作源源不斷的出版，為台灣的茶文化開創更豐富多彩的成果；也要對范增平先生鍥而不捨的研究精神、堅忍不拔的毅力表示嘉勉和欽佩。也希望大家多予范增平鼓勵和支持。謹此，為《台灣茶人採訪錄》做序。

范光群　2002年中秋節於台灣中興新村

（本文作者現任台灣省主席）

序 2

天下茶人是一家

台灣茶人很多是我的朋友，而范增平先生是我最早的台灣茶人朋友，1989 年 4 月 13 日與范先生初次晤面。但是，早在前一年 1988 年我就在文匯報上認識了范先生，那年的 7 月 9 日，《文匯報》上刊載了一篇范增平先生的專訪稿《台灣〈茶藝特使〉在上海》，這也是我第一次了解到「茶藝」這個詞兒。

隨後的日子，范先生來上海的次數愈來愈多，我們也有了更多的接觸和了解，上海第一家茶藝館——汪怡記茶藝館從籌備到開幕，以及第一屆茶文化節的舉行等，范先生都參與了實際工作，上海茶人對他是印象深刻的。

隨著兩岸交流的逐漸擴大，台灣來的茶人也愈來愈多，和范先生在上海見面的機會反而少了！不過，我們因茶而結的緣是隨著時間的愈長久而愈濃厚，記得 1996 年第四屆國際茶文化研討會在韓國漢城舉行，在會場上我們見面了，我提出了「天下茶人是一家」，范先生馬上回應說：「不分你我他」，這真是道出了茶人的心聲和胸襟。

茶人對自己的要求是以無私、大我的精神為社會奉獻，為促進人類的和平而努力奮鬥。十多年來，范增平先生來往於海峽兩岸，我們都知道他在做些什麼，為了弘揚中國優美的傳統文化，他苦口婆心，用心良苦，為推廣茶文化他殫精竭慮，建樹很多，不用我一一枚舉，今天中國大陸蓬勃興起的茶藝館和欣欣向榮的茶文化，是最好的證明。

現在，范先生又為我們做了一件好事，出版《台灣茶人採訪錄》，採錄了將近40位台灣現代茶人的生平事蹟，讓我們多認識一些茶人，對大陸的茶人來說，無疑是一件喜訊。因為兩岸隔閡了幾十年，有一段很長的時間彼此空白，通過這本採訪錄，有助於我們進一步的認識台灣茶人，對促進兩岸茶人的了解與往來起到積極的作用。

范先生在《台灣茶人採訪錄》出版的前夕，希望我寫一篇序文，我引一句范先生常說的話：「兩岸品茗，一味同心」，並把我們都認同的話再說一遍：「天下茶人是一家，不分你我他」，做為對范先生新書出版的祝賀和感謝，也願意把它推薦給大家，期盼大家多給范先生鼓勵與支持。祝范先生和台灣所有的茶人健康愉快。

劉啟貴　2002年9月於上海茶葉學會

（本文作者現任上海市茶葉學會副理事長）

自序

寫在《台灣茶人採訪錄》前面

讓他們告訴你，為什麼台灣茶文化那麼蓬勃發展？讓他們告訴你，為什麼茶文化是東方文化的精華？

自1980年代茶文化在台灣蓬勃發展以來，很快就影響到香港、新加坡、馬來西亞、韓國、日本、中國大陸，擴及美洲、歐洲，以至南非、澳洲而整個世界。回溯茶文化的形成發展，在中國已有千年以上的歷史；在日本、韓國也已有四、五百年。近年來，台灣茶文化急速的走向普羅大眾，引起社會各層面的關注，並且很快的在世界各地成為常民文化，這不得不說是1980年代以後，台灣的茶文化興盛的結果。無論在茶藝形式的表現，茶道具的現代化以及各種新創的器具，都呈現出豐富多彩的樣貌。泡茶水質的講究和茶葉製造時各種口味的要求，使茶文化的發展在科學的基礎上結合哲學、美學的理論，朝向人文藝術的面向發展。台灣茶文化促使傳統茶文化重新思考而開創出新興的蓬勃。

台灣茶文化的發展來自地方，由各個不同的點串聯而成整個面。先有知識份子的刻意整理、推動實踐，而後有縣市地方的團體組織，乃至區域性的全國性茶藝協會的成立，大大小小的茶藝館也在各城市、鄉鎮紛紛出現。從事茶藝館事業的工作人員大都是大專畢業生，屬於年輕有理念的一代，因緣俱足，水到渠成，於是最具影響力的「中華茶藝協會」於1982年9月23日在台北市成立。1983年3月12日中華茶藝協會的刊物《中華茶藝》雜誌創刊，以增平為發行人、贊助人。為了記錄台灣茶藝文化的發展概況，以及在這個概況中具有推動作用的主要代表人，增平按期採訪了將近四十位當代茶人，這些採訪經刊出後，引起很大的回響，而這些採訪轉眼已成十多年前的往事了。邇來，許多關心台灣茶文化發展的朋友，想瞭解台灣的茶藝文化而不可得，這些採訪資料就成為台灣茶文化發展過程中，彌足珍貴的史料和見證，於是乃在年初將這些稿件取出整理出版。

這本《台灣茶人採訪錄》，主要是依《中華茶藝》雜誌的專訪為主，記載了台灣茶文化耕耘者的理想、抱負和理念。當然，本書仍有遺珠之憾，由於時空關係或機緣遇

合，有少數極具代表性的茶人未能在當時得到採訪。不過，這本專輯所收錄的茶人事蹟，已可說明台灣當代茶文化的大概狀況和發展走向，事隔十多年後，更可印證這些茶人的理念和節操。

回首，二十多年來的茶路歷程，嘗盡各種酸甜苦辣，唯有在採訪這些茶人的過程中，得到很多令我安慰的協助，要感謝前後協助我的蘇瑞芳小姐、戴丹妮小姐、王春莉小姐、蔡頌英小姐、謝素真小姐、周本男小姐等。他們對我的協助，我都會銘記在心，願茶的芬芳帶給她們幸福快樂的人生。

最後也要感謝為《台灣茶人採訪錄》寫序的台灣省主席范光群先生，上海茶葉學會副理事長兼祕書長劉啟貴先生，感謝他們為台灣茶人的努力賜序鼓勵。

2002年11月於桃園十万軒

李瑞河

【揚名中外的茶業經營者】

談茶葉連鎖店的經營戰略

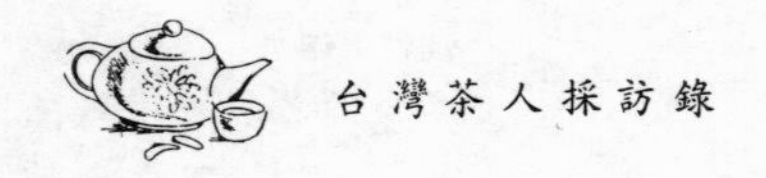

認識天仁茶業公司董事長李瑞河先生，大約是在一年前，參加一個從日本來的茶道表演會，當時只見其人，未曾交談，真正的結識應該是籌備「中華民國茶藝協會」時開始的。當初，組織茶藝協會時，一直無具體行動，最後在李董事長的承諾支持下，才得以實現。

在籌備茶藝協會期間，有較多的時間和李董事長接觸，逐漸發現李董事長處理事情的態度，相當果斷和具有魄力，對同仁也能秉持愛護的精神，信任同仁放手去做，充份表現出一位現代企業家的涵養，對人的謙和與責任感更值得人敬佩。

許多人提到天仁茗茶，這家目前最現代化的茶業公司，很容易誤以為，其經營者一定是個受過高等教育，上了年紀的老人，也許有許多神祕烜赫的背景。其實不然，他只不過是一位出身在鄉下的茶農而已。然而他抱著服務大我的信念，腳踏實地，勤奮苦幹，終於成為一代茶業王國的領導者。

筆者經過約定，在1月25日上午11時30分，在董事長辦公室進行訪問，氣氛融洽自然下，李董事長侃侃說出許多鮮為人知的成長過程，和他的奮鬥經過。

＊　＊　＊　＊　＊

問　請問董事長，您在什麼動機下，開創天仁茶業公司？

答 談起天仁創業的動機，這要從三十年前談起，我們家由茶農改成茶商。

我們家鄉是南投縣名間鄉的山上，世代種茶，我是第四代，從台灣光復到民國42年這一段日子，生活一直都很艱苦。十七歲那年，我初中畢業，一時找不到工作，家人臨時開了一個家庭會議，因為我是長子，母親提了一個意見，要我們不如改變一下環境，來賣茶，不要只是做茶，因為做茶很辛苦，利潤不夠一年的開銷，我們約有兩甲地的茶園，可是一年的收成只夠八個月的開銷，剩下的四個月就要透支了。

經過那次家庭會議，我們就改做茶商，家父有些朋友住在岡山，他本人對岡山的印象也很好，於是決定到岡山去。不到兩個月的時間，舉家遷到岡山，租了一間店面，就開始做起賣茶的生意。

那時喝茶的風氣不普遍，門市部的客戶差不多是岡山的空軍，他們比較喜歡喝香片、花茶、龍井、清茶。這些客戶，總是有限，因此必須靠我們用單車送到鄉下去推銷。通常一個村子裡，差不多只有兩三個人喝茶，我們得要去拜訪、介紹。且喝茶的人都是年紀比較大的，有時候弄了半天，還做不到半點生意，呵呵呵……（笑聲），到了民國45年，我去當兵，48年退伍，當時的社會經濟不怎麼好，我也認命了，只有做做這老行業，繼續到鄉下推銷茶葉。當時推銷的茶葉是以我們家鄉南投名間鄉的茶葉和鹿谷鄉的凍頂

烏龍為主。

哦，當兵回來，當然要談婚事嘛，我們很多退伍下來的朋友，先後都結婚了，只剩下我最慢，哈哈哈……因為我一直忙著做生意，沒有時間談戀愛，也不敢談戀愛。那時候的男生比較保守、被動，我做生意接洽的對象都是顧客，也不敢動腦筋找對象，只好靠媒人介紹。記得是民國49年開始談婚事，相了三、四次親，都是同樣一個結果——都沒有消息，呵呵（笑聲），我自己覺得很奇怪，為什麼相親以後都沒有消息？我們彼此都很中意呀！因為那個時候，以我是銘峰茶莊的小開，媒人介紹來的也很不錯，但總是沒有結果。前幾次我不知道什麼原因，第三次以後，我才明白，哦——就是因為我們是大家庭，一共有九個兄弟姊妹，四男五女，而我又是老大，在保守的岡山，隨便一打聽，就知道「銘峰茶莊」，哇，兄弟姊妹很多，開一家小茶莊，尤其李瑞河是家裡的老大，誰嫁過去，要煮全家吃的飯，煮大家庭的飯，可能連飯桶都端不起來，所以都不敢攀這門親事。就是這樣，幾次相親都沒有結果，哈哈……。

後來，大概是第五次相親，也就是我現在的太太，是我一位海軍陸戰隊的朋友介紹的。

問 **42年到49年這一段時間，茶葉經營不是很好，您是否想過要改行？**

答 對，我現在就是要談這個，因為當時不只是我兄弟姊妹多，茶葉又是一個老行業，人家都看不起，認為茶葉是沒有什麼可發展的行業。而我那位海軍陸戰隊的同事，他太太有位一起學裁縫的女同學，要介紹給我。經過相親，交往了一段時間，我就正式提親，然後訂婚。那時鄉下訂婚，要先「小訂」，我也是急著嘛，怕夜長夢多，越快越好，我用摩托車載著我朋友的太太，提著謝籃，到我岳父家裡去，帶著簡單的六項小禮和聘金，聘金好像是四千塊而已。岳父準備簡單的一桌請我吃飯，一起吃飯時，岳父陸續問我：什麼地方人？我說是南投名間鄉人。他說：喔——是不是很「內山」？是不是很鄉下？我說：不會啦，我們離二水、田中都很近，就在縱貫鐵路的旁邊。他又問：你來岡山多久了？我說：七、八年了。噢！那也可以說是岡山人了。我說：是，是啊！他說：你有幾個兄弟呀？當時我最怕的就是問我有幾個兄弟，但是不講也不行，我說：四個兄弟啦。他又問：那女的呢？有沒有姊妹？我說：有。幾位？我說：五位。他一聽，就害怕了，說：喔，那不就是有九個兄弟姊妹囉。我說：是啊！哈哈哈……（笑個不停）。我一生最緊張的就是那個時刻了。依我岳父問話的口氣，如果不是日子已經看好了，好像就要同前幾次一樣吹了，因為那天講好是訂婚，他只是緊張一下而已，不過我為了要讓岳父放心，也可說是年輕人的狂妄，講講我的抱負。我說：雖然我們兄弟姊妹多，但是我們有一個計劃，將來結婚以後，馬上到外面，像高雄或台南等大都市去發展。我們四個兄弟最少可以開四家茶莊，必要的時候，妹妹她們也會出去開幾家茶莊

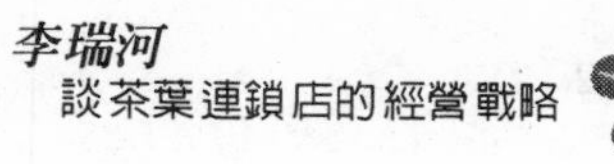

（因為我妹妹都幫忙照顧櫃台，已經有經驗）。那麼我們兄弟姊妹開的每一家茶莊合起來，可以組成一個公司，說不定我們還可以開一家茶業公司，岳父聽了我這一番話，很安慰的說：對，對，對，年輕人有魄力，有計劃就很好。

我也鬆了一口氣，我的動機可能就從這裡來的。結婚以後，一直為了實現這個諾言而努力。

問 您是民國幾年結婚的？結婚後有沒有實踐諾言？

答 民國50年，那時虛歲廿七歲。結婚以後，我一面籌備，一面計劃，希望能夠到台南或高雄去，後來選擇了台南。在台南開第一家連鎖店，也是我自己跨出去的第一步，很多人問我：在岡山是銘峰茶莊，在台南為什麼取名「天仁」？老實說，當時我也很怕，也不是很有把握，怕萬一用銘峰茶莊的名字，經營不好的話，會拖累岡山的本店，因為岡山本店是由我父母親經營，兄弟姊妹又這麼多，所以絕對不能夠影響到岡山老店。所以我希望自己用一個新的名稱來經營。

「天仁」開了差不多四年以後，老二當兵回來，我們要實踐諾言，兄弟姊妹要儘量往外發展，不要都聚在岡山，否則連老二、老三、老四要討老婆也很困難。不只是這樣，妹妹要出嫁的問題都很令人擔憂。所以老二退伍後，我就請他接台南的店，自己又帶著太太到高雄開第二家店，因為我在台南四年多的時間，累積一些經驗，比較有把握，加上三年海軍陸戰隊的生活，知道怎麼樣吃苦，怎麼樣耐勞，怎麼樣來冒險。在軍中培養出來的堅忍精神，給我很大的影響，這對我開創事業有很大的幫助。

到了高雄以後，我本著過去在台南創業的精神，沒有幾年，在高雄也有了些成就，那時老三大學畢業，他準備到國外留學。同時現在K店的李經理和李專員（他們兄弟從國小畢業以後，就到我們家裡來幫忙）也當兵回來了，我想，我們堂兄弟大家團結在一起，應該動一動腦筋，到台北去開發，那時候，台北雖然只占全省十分之一的人口，但是茶葉市場很大，消費水準也很高。於是說服老三留下來，大家到台北去闖一闖。

民國56年，我們就在台北市信義路設立了公司，也是天仁正式成立公司的開始。台北是總公司，南部的台南、高雄、岡山就成為分公司。

問 **結婚以後，董事長夫人是否鼓勵您繼續從事茶業這一行或是希望您改行？**

答 雖然她學歷不高，只有國小畢業，以往都是學裁縫，做衣服，跟我結婚以後，她就變成標準的家庭主婦，燒飯啦，洗衣啦……可以說，完全以我為主，從來沒有要我改行，還協助我安排員工的生活。

問 **可不可以請您談一談您的家庭生活？**

答 我的家庭生活講起來很平凡，和一般的小生意人一樣啦。剛開始創業時，一直抱著戰戰兢兢的心理，從八點鐘開門，一直忙，忙到晚上十一點打烊，才休息睡覺，在創業那個階段，一般的應酬，朋友或親戚來訪，或到我們公司來，我都是請他們吃便當或客飯。我的時間都充分的利用，到現在為止，我仍然養成這個習慣。

我沒什麼嗜好，也可以這麼說，開茶葉店就是我的嗜好。

問 **請問董事長現在有幾個子女？**

答 三個男孩。

問 **請問董事長您對小孩教育的看法怎麼樣？是不是希望他將來也從事這一行？**

答 我的小孩，老大今年廿二歲，現在在金門當兵；老二廿一歲；老三剛好三歲。我對子女的教育採取不勉強，順其自然的方式，從來沒有請家庭教師或參加補習。我認為小孩子能夠活潑一點，自然一點比較好。不過，我很重視他們結交的朋友，只要是正派的朋友，好的同學，我都歡迎他們帶到家裡來。學業方面，因為我自己書讀得不多，一方面也沒有時間去教育他們，所以我們就採取順其自然的態度，我想品德好最重要。他們如果對茶有興趣的話，就到公司來，從基層做起，如果沒有興趣而想做別的行業的話，我想我會全力支持他們的。

問 **我們知道，您小時候，家裡是做茶的，請問除了做茶以外，您是否有過其他的夢想或理想？**

答 那個時候，我們住在鄉下，不敢隨便想，總以為我們是種茶的，就只有做茶。當然也想過做別的……那時候，我們村子人口有五、六百，有一家雜貨店生意非常好，農業社會裡開雜貨店就是老闆，想像中老闆都很有錢。當時我也想過，將來做生意，開一家店，財源滾滾而來。

問 **董事長，是否請您談談在您的人生中，影響您最大的那些？**

答 記得小時候，在學校教室四周牆壁上都貼有標語，像「生活的目的，在增進人類全體的生活；生命的意義，在創造宇宙繼起的生命。」、「以吾人數十年必死之生命，立國家億萬年不朽之根基。」還有　國父講的那句「聰明才力愈大者，當盡其能力以服千萬人之務，造千萬人之福；聰明才力略小者，當盡其能力服十百人之務，造十百人之福。」

這些話都深深影響著我的人生，其次就是在海軍陸戰隊服役三年中，磨練身心，鍛鍊冒險犯難的精神，奠定了我創業的根基。

問 **請問董事長平常做些什麼休閒活動？**

答 在三、四年前，我也學打高爾夫球，因為我老家名間鄉有一個高爾夫球場，當時我繳了六萬塊，加入成為會員，偶爾我也抽空去練習打球，可是最近一年多來，隨著公司業務的成長，一直很忙，很少有時間再去打球。下班回來，除了看看報紙、電視外，仍構想有關公司發展或推廣茶藝的事。

問 請問董事長，您看報紙或電視時，比較注意那一方面的消息？

答 看電視我都是看新聞報導，但看的機會不多。報紙我是每天都看，通常只看第一版、第二版和第三版，其他版我很少去看。

問 董事長夫人在業務方面有沒有協助您處理或提供意見？

答 沒有，從來我就希望她做一個標準的家庭主婦，不參與任何意見在業務方面。

問 那請董事長提供年輕人一些意見，怎麼樣的妻子會比較理想？

答 那要看丈夫的個性啦，比方說，丈夫是一個很有主張、很有活力的人，那太太就應該以丈夫為主；如果丈夫是一個很平常的人，那太太參與意見也無妨啦，不過也要看看是那一種行業，像我這個行業，就不需要太太來參與，因為有時候女人的看法畢竟沒有男人那麼深遠。

問 **近幾年來，喝茶的風氣好像比較盛，依董事長的看法，是什麼原因造成的？**

答 最主要是國人生活水準的提高，其次是政府前幾年一再的提倡，比方說前幾年總統時常到茶山訪問，大家都會去注意，副總統也是一樣，一直鼓勵喝茶的風氣，第三個最大的原因就是業者也在配合、在提倡。比方說，我們天仁公司重視服務，讓客人進到門市部來，有種親切的感覺，店面的裝修高雅，讓客人對茶這個飲料有信心，還做些推廣茶的活動，像我們公司支持南投家鄉的品茗比賽，還有陸羽茶藝中心的成立等，可見業者也是積極在配合。

問 **依董事長的看法，這種局勢是不是會繼續發展下去？如果喝茶的風氣繼續發展下去的話，會不會取代咖啡、可口可樂等，恢復我們過去以茶為主要飲料？**

答 這方面我是很有信心，不過還要配合我們國人的生活品質是不是能夠像近十年來一直在成長，我們的國民所得越高，生活水準越高，大家就有錢來喝茶，醫學界也一再呼籲說，茶裡面有很多成分能夠促進身體健康，比咖啡還要好，加上國人對我們自己的產品漸具信心。過去——在十年前，流行咖啡，大家認為是外國來的，進口的東西比自己的產品要好，喝咖啡才是高水準的，才是趕時髦。幸好最近幾年來沒有這種現象了。反而大家講究喝高級茶，客人來了，能夠用好的茶葉來招待客人，才顯出他的富有、他的誠意。所以，這樣持續下去的話，再配合我們最近剛成立的茶

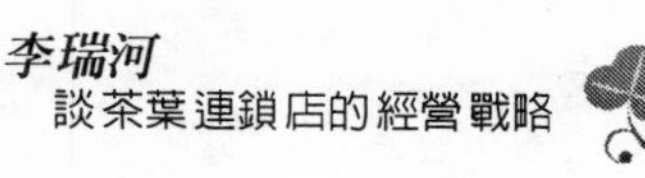

藝協會，透過新聞界繼續來推廣的話，我有信心，將來茶葉不只是會取代咖啡，而且一定可以恢復早期喝茶的風氣，真正成為一般人主要的飲料。

問 喝茶的風氣盛了以後，您看在方式上是不是需要配合時代的進步而有所改變，譬如泡茶的方式，現在工商業社會，大家忙碌，這一方面是不是需要有改變？

答 從歷史上看來，唐、宋朝喝茶風氣最盛，因為茶是平和的飲料，人處在安定的環境裡才會想用茶，不比酒是烈性的。人們富有以後，通常他會有閒情逸緻去喝茶。不但有老年人，有中年人，甚至於年輕人都知道來喝茶，普遍喝茶以後，大家講究水準，講究喝好茶，講究泡茶的茶具，像陸羽現在正研究整套的電茶壺、茶荷、茶盤等，就可帶動起來，業者能夠重視的話，將來不只茶藝文化，茶具方面都可以帶動發展。

問 剛剛提到推廣的問題，我們看到其他的商品在宣傳廣告方面都做得很大，但是很少看到茶葉的廣告，尤其是在電視上，很少看見茶葉方面的廣告。董事長，您看這是什麼原因？

答 茶葉為什麼很少人敢做廣告呢？因為現在正在萌芽時期，大家都很競爭，利潤也很微薄，不比其他的商品，像洗髮精啦，或是其他食品啦，因為他們利潤都很高，可以撥出一筆廣告費來配合，茶葉是農產品，很多人一仟塊的成本，只能賣一仟一，一仟二，這麼微薄的利潤是沒有辦法做廣告的，誰都沒有辦法，連我們公司幾次想去做廣告，結果也撥不出這個預算。

問 **說到茶是農產品，我們知道最近農林廳爲香蕉、鳳梨都在做廣告，怎麼唯獨沒有爲茶做廣告？**

答 這個問題很可能是這樣，他們認為茶已經受到社會一般消費者的重視了，不需要特別去注意，不過另一方面則有待我們中華民國茶藝協會以後來做引導性的推廣。

問 **說到茶藝協會，董事長，我們知道您對社會服務工作一向都很熱心，對「中華民國茶藝協會」的成立，董事長可以說是幕後積極的推動者，請問董事長，您對茶藝協會有什麼期望或是將來的方向應該怎麼樣？**

答 茶藝協會成立，我認為應盡最大的力量來支持的，所謂取之於社會，用之於社會，我們茶葉經營這麼多年，尤其是我們數代都是做茶的，今天我們有這種成就，應該回報一點給社會。茶藝協會的成立是我們回報社會最大的對象，所以這次茶藝協會成立，我們盡最大的力量來支持，不過，我個人的能力是有限的，我只能在財務方面比任何一家茶莊或其他愛好茶藝者做更大的投入，至於能力方面，那就有待教授們，還有幾位監事，尤其是范總幹事去計劃，去推動。

問 **我們知道在去年9月23日（1982年），茶藝協會成立的時候，李董事長您因爲對茶藝協會的積極貢獻，得到名譽理事長謝副總統的頒獎，請問您對接受這個最高的榮譽**

有什麼感想？

答 我有「任重道遠」的感覺，希望今後用這句話來隨時警惕和鼓勵我自己，多做一些有益的事。

問 目前茶業界來講天仁公司可以說是相當具規模的一家公司，請問董事長如何來領導這麼大的一個公司？請以經營者的立場來談一談天仁公司的經營原則。

答 我們公司已經有相當的規模是不錯的，不過，我感覺到我的能力差不多是這樣，我現在積極的培養接棒人，比如說讓公司裡比較有活力、有責任感的年輕幹部，能夠來分擔我的工作，一方面訓練成將來的接棒人。對於領導茶這個行業，我還是不敢有這種期望，不過我可以肯定；其他業者如果要達到我們公司這樣的規模，不是三、五年就可以學到的。過去的茶業經營方式都是比較保守的，經營者的年齡也比較大，如果要想突破的話，一定要培養年輕的接棒人，讓年輕人多多來參與，這是很重要的。

問 天仁公司茶的價格，我們都知道，是全省統一價格，請問貴公司在訂定價格方面，有沒有一個標準？

答 講起價格，我們所知道的，在十年前，大家沒有經營的觀念，往往想一塊錢的成本，賣一塊一就行了，有得賺了，甚至於最高的賣一塊二就行啦，其實一塊錢的成本賣一塊一、一塊二，都不是生意法，一定要賠本。最近台北市有五、六家倒閉，就是因為這樣，很多人不懂怎麼樣的利潤才是合情合理，才是經營的標準。其實，我們認為一般正常的經營，一塊錢的東西要賣到一塊六以上才是合乎新的經營方式，因為一塊錢的成本總是要20%左右的營業費用，比如說，房子租金啦，水電啦，還有稅金啦，車馬費啦，一切的管理費用總括起來要20%。那麼如果毛利率訂20%的話，還是不會賺錢，如果發生呆帳的時候，甚至還要賠老本。所以我們公司有一定標準，訂的毛利都是採30%到40%之間，我們的營業成本通常是25%左右，如果能夠控制好，管理好的話，就降低到20%，剛開始，要裝潢的折舊費用通常是在30%，我們的毛利一定要在30%以上，不過也要看茶葉的品質而論，還有市場的供需情形也在考慮之列。

問 目前喝茶的風氣很盛，以目前茶的價格來看，您認爲大衆是不是能夠接受？是不是可能再便宜一點，或者是還要提高？

答 現在一般生活水準高，大家都想喝好茶，現在的好茶有台北縣的坪林，也就是文山的包種茶，還有南投縣的凍頂烏龍茶、松柏烏龍茶，這些高級茶到目前為止，還是供不應求。雖然這十年來一直在增產，有十倍以上的增產，尤其是南投縣，十年來差不多有十五倍的增產，還是供不應求。

至於茶的價錢，老實說，現在已經相當好了，對茶農也好，茶商也好，已經是很好的價格了。一般農民來說，可以說種茶葉的收入是最好的了，所以也不希望茶價再提高。但是再低也低不下去了，因為現在一般茶農的生活水準都很

高，如果把價格壓低的話，茶農也沒有辦法接受。

至於很多人說，茶葉價格很高，我們喝不起。其實，高級的茶葉只占了差不多30%而已，還有70%是中、下級的茶葉銷路還是很大，以我們公司來說，我們還是中級的茶葉銷路最多。所謂中級的茶葉，就是在苗栗、竹南或是新竹縣採的茶葉，一斤在一佰塊錢以上，五佰塊錢以下，這都屬於中級茶葉，這種茶葉在我們公司來說，占了差不多有60%。至於低級的茶葉很便宜啦，現在我們公司有一台斤四十八塊錢，那種茶葉其實也不錯啊，但是喝的人並不多，除了餐廳使用以外，一般個人喝茶，都不去買那種茶來喝。

問 董事長，您以經營者的立場來說，鼓勵一般大衆喝大概多少錢的茶比較適合？

答 這要看他的經濟能力，當然越高級的茶是越好喝，但是價錢也越貴。另外，也要看對象，一般推廣的茶葉差不多在五佰到一仟塊左右，也不是太高級，也可以說是中上級。因為五佰塊錢以下有時候不能買到令人滿意的茶葉，那麼一仟塊以上又怕負擔不起，所以我比較喜歡介紹給朋友五十、六十塊一兩的茶葉。

問 我們知道，這兩年來經濟不太景氣，請問董事長在茶葉方面有沒有受到影響？

答 按一般的茶商，尤其是台北市的茶商來說，從71年的下半年開始就已經受到影響了，因為比如說在民國63、64年石油危機時，那時候，茶不但不受影響，反而一枝獨秀，一直好到69 年，到 71 年才發現我們的成長腳步比較慢，尤其是下半年度開始看到很多同行倒閉的倒閉，退票的退票。我們公司也受到影響，但是比較起來，我們受到的影響比較少。

問 提到培養人才，天仁公司培養人才方面，您一定有很好的計劃。董事長您認爲需不需要在學校裡面，開一個專門研究茶或茶業經營的課程，或者有這樣的專門學校，尤其是農業學校裡面，好像沒有這種專門的科系，大學裡面好像也沒有開過這個課，不知道董事長的看法怎麼樣？

答 這件事情，我幾年前也注意到了，聽說新竹縣的關西農校有一個茶葉科，我這只是聽說而已。至於政府在農業職業學校方面需不需要一個研究的部門，我認為應該是需要的。因為配合生活水準的提高，人民在飲食方面的改變，尤其是台灣的烏龍茶很有希望推展到世界各個國家去。現在大家都知道，茶葉有三種；一種是紅茶，是全發酵的，這個全發酵的紅茶以印尼、印度、錫蘭為主，他們工資便宜，品質又比台灣的要好，所以在紅茶方面是沒有辦法同他們競爭。綠茶也是一樣，日本的綠茶，也就是煎茶，它有它的特色；現今在大陸上，人民公社不算成本的生產，綠茶方面，他們的價錢也很低。唯有半發酵的烏龍茶是台灣的特色茶，而且有一百多年的歷史，這種烏龍茶，政府方面應該去重視它，比方說，職業學校開一個茶葉研究的科目，來不斷的改良發展，這樣才能夠做成其他國家沒辦法比得上我們的

特色茶，雖然有少數的福建烏龍，也有鐵觀音，品質也同我們可以比美，但是他們是人民公社，我們這邊是自由經濟，應該可以發展新的口味。在配方方面，配以其他的配料，以烏龍茶做基本，研究發展出其他的口味。雖然透過年輕人的創業精神，廣博學識，流利的外國語，可以到歐洲世界各國去設立分公司，就像我們到美國、日本一樣，以台灣烏龍茶做招牌來推銷，就沒有競爭的對象，應該是有前途的。

問 **請問董事長，天仁公司現在有沒有比較具體的未來計劃。譬如說，更新設備啦，或是市場開發方面的計劃？**

答 長期的計劃，我們是還沒有訂目標。不過，我們短期的目標是在國內，配合喝茶風氣的普遍，我們預定可以開到到六十家分公司，目前我們有三十二家，還有一半可以開發。中期目標在國外，有中國人的地方，設立一家分店來推銷。十月份我將要到加拿大的溫哥華去，這也是一個可以開發的市場，新加坡也是一樣。除了美國、加拿大、新加坡以外，歐洲也是個市場，他們對烏龍茶認識還不夠，一方面中國人在那裡的也不多，我們希望能夠先推銷給中國人，可以立足之後，再用中國人去影響外國人，把茶推廣到外國人的世界。我們在美國就是這樣推廣，我們的顧客有50%是中國人，另外50%是當地的洋人。他們都受到我們分店的設備、裝潢、示範、試飲的影響，慢慢喝了以後，有20%都會再回來買我們的茶葉，這是一個可喜的現象。

林復

【台灣區製茶公會總幹事】

談台茶的過去與未來

林復先生，現任台灣區製茶工業同業公會總幹事。也是「中華民國茶藝協會」理事。林先生在茶業界服務了三十多年，對於台灣茶業的歷史興衰有很深刻的印象。各地每年所舉辦的優良茶比賽、評審會都以聘請林先生擔任評審為榮。林先生被譽為茶藝界之寶。

經過約定，訪問林先生。他說：從不接受訪問的，只希望默默的為茶藝界做些事，如茶藝資料的搜集、整理，陸羽《茶經》的翻譯等。

在將近一個小時的訪問過程中，林先生給人一種親切、自然的感受，使我們在很輕鬆愉快的氣氛下，談台灣茶藝的過去與未來。也使筆者更深切的認識到，一個喜愛茶，長年浸淫在茶藝界的人，他有一種與眾不同的氣質和個性。以下是訪問林先生的對答：

*　*　*　*　*

問　請總幹事談談台茶發展的情形？

答　民國 35 年，我從大陸遷台，正逢戰爭結束，本省茶園多半荒廢，有一部分甚至改種雜糧，單位面積產量很少，且茶廠的機器都很陳舊；當時生產的以包種茶為主，但是外銷量並不多，茶葉界打算重新整頓，使它逐漸發展，當時農林廳特別設置貸款辦法，幫助茶園復興，並協助茶農更新品種。那時，茶在台灣農產品中，占重要地位，與糖、米並列為主要特產。幾年後，農林廳再進一步的更新茶園，免費補助好幾千萬株茶苗；民國45年更大力推動改進茶園耕作管理計畫，工作的主要項目有茶園剪枝、施肥、病蟲害防治，並辦理肥料貸款；初期台灣茶園並不施肥，每公頃茶園的採葉量只有一千二百公斤。

這個計畫推動的茶園面積計有一萬二千公頃，當時把他們組織起來，約每三、四十公頃設一個小組，並各選出一個小組長負責領導，農林廳並編了許多有關的淺說書籍，去跟茶農解說，如此茶園才逐漸走上專業化生產的道路；持續了七、八年之後，台灣工業慢慢發達起來，農林廳再推動機器採茶。目前良好茶園的採葉量每公頃多達一萬五千至二萬五千公斤。

茶廠製茶方面也有很大的改善，光復後，推出綠茶；起初台灣沒有綠茶的原因，是由於日本有綠茶，如果台灣也製綠茶，對日本就不利，有抵制競爭作用。所以日據時代，台灣沒有生產綠茶。目前綠茶（眉茶）卻演變成台茶外銷的主流。

光復初期，要恢復耕作，要茶園更新，所推廣的茶苗以青心大冇、青心烏龍為主。

問 **茶苗究竟從那裡來呢？**

從全省各地的茶農裡去挑選，看他們的茶園是否合乎標準。委託茶農壓條培育茶苗。

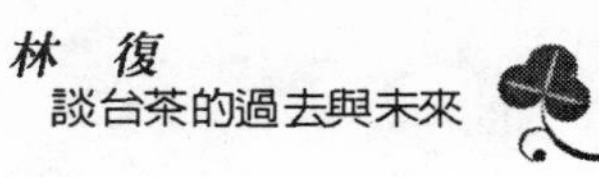

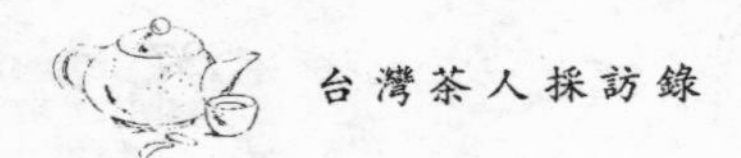

問 一株茶樹可壓幾枝茶苗？

答 一株大茶樹可壓二十五至三十株茶苗，通常於春茶採收後從五月開始壓條，半年後就可供移植之用。

問 **採茶機器化從那一年開始？**

答 民國52、53年開始。

問 **從光復初期到現在，茶園方面有什麼轉變？**

答 光復初期，茶園有三萬多公頃，最高紀錄是四萬八千公頃，現在只有兩萬八千公頃。有一段時間達到三萬八千公頃，產量卻沒有現在多。

由於工業發達，農村人口大量外流，因而使茶農減少，此乃必然現象。目前靠近都市邊緣的茶園，以林口鄉最大，面積有一千五百公頃到兩千公頃，其他像新竹科學園區，原本大都是茶園，林口高爾夫球場也是茶園，現在都已名存實亡了。

台灣的茶廠有缺點，也有它的優點。光復初期紅茶發展迅速，一段時間後，逐漸沒落，綠茶興起。近年來，綠茶又沒落了，半醱酵茶勃興，但是市場一直不穩定。

問 **台灣的茶從福建傳來的時候，是沿著淡水河的方向過來的嗎？**

答 聽老一輩講，台北橋附近很早以前有茶園。民國35年時，蘆洲、五股等地方，茉莉花園很多，而今日已式微。由此可知，以前這一帶跟茶有很大的關係。

問 屏東那邊有「港口茶」，聽說清朝時很有名，有沒有它的特色？

答 根據傳聞和記載，屏東滿州鄉的「港口茶」，有一百五十年的歷史，茶味甚清，是恆春縣太爺從大陸移植而來的，由於採焙技術偏向手工，所以種植面積不大，產量也少。

問 何謂白茶？

答 福建的白茶稱為銀針，整條茶芽都是白毫，非常名貴，但產量不多，它的製法是不炒不揉，也不醱酵，只有焙乾而已。

問 台灣烏龍茶中的椪風茶也有一點白毫，是否也稱做白茶？

答 椪風茶不能叫白茶，它是最名貴的烏龍茶，也稱白毫烏龍。

問 內銷茶將來是否會走向專業化？

答 現在茶莊特別多，一般的消費者多半隨便買茶，亂抓一把。茶莊應該建立品牌的信譽，增加大眾對茶的了解。

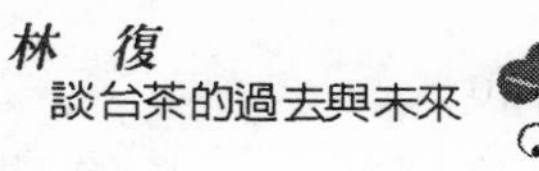

由於買主對茶的認識不夠，造成茶葉買賣的評鑑不一致，最好能把各類茶葉加以規劃整理，千萬不要巧立名目，使茶葉知識成為玄學，應該盡量簡化，使消費者容易了解接受，方為正確的推廣之道。

問 目前外銷茶的情況如何？

答 受到經濟不景氣的影響，台茶外銷數量，逐年減少，倒是內銷數量逐年增加。以製茶公會的統計數字來看，今年（1983年）一月份的外銷數量，只有九百公噸，比去年同期少了三百一十五公噸，預期外銷數量在一萬四千公噸左右。今後台茶外銷要走向高品質方面的競爭，同時要改善包裝，講求藝術的美感，圖案設計要創新，最好由茶藝協會透過各校美術系來設計適用的圖案，提昇包裝的品質，使茶葉兼具內、外在的美感。

問 近來台灣茶業有蓬勃發展的景象，您認爲這種情形會不會持續下去？

答 台灣什麼事都有一窩蜂的情形，至於飲茶我看不會衰退，只要今後國民所得逐年增加，必能提昇國人飲茶的生活習慣與品質。大家在享受飲茶的優點後，一定更加喜愛，成為生活必需品，飲茶之風興盛是必然的趨勢，不會衰退。

問 茶葉市場不穩定的原因是什麼？

答 國內茶葉成本遠比其他產茶國家高，造成外銷市場的不穩定；至於內銷方面，就另當別論了。

問 **國際政治情形是否有影響？**

答 有一點。

問 **可不可以請教您爲何選擇「茶」這一行業？**

答 我們家鄉福建福安，是很有名的茶區。紅茶、綠茶，數量都相當多，親戚朋友都是做茶生意，當時福安有一所縣立初級茶業職業學校，我就在那裡唸了一年，後來轉到他校。不久，這所初級茶業職業學校升為高級職校，我又回去進修，念了三年。那時候，我們學校是全國唯一的茶業職業學校，校內有示範茶園，還有茶工廠，供我們實習。從那時開始，我與茶結了不解之緣。上大學後，我唸園藝系，畢業後回到母校執教了一年之後，就來台灣，先是在林口茶業傳習所，隨後到農林廳擔任茶葉股股長；並且曾在日月潭茶業試驗所，擔任所長三年。

問 **在您的家鄉有沒有茶館？**

答 我們縣裡沒有，在福州就有了。

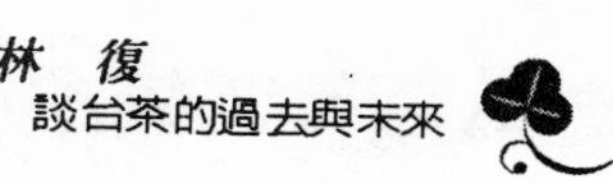

問 **請問總幹事是不是全家都喝茶？**

答 主要是我在喝，不過我女兒也漸漸在培養喝茶的習慣。

問 **就您個人平日喝茶的經驗，體會到什麼好處？**

答 喝茶的確確是一種享受，而且茶有幫助消化的功效，不過，我個人並不是為這個原因而喝茶，完全是因從小喝茶已成習慣。

通常寫文章時，我一定泡一杯茶，這樣對思考很有幫助，思路更加敏捷，也容易找到靈感；看電視也泡杯茶，在我們家喝茶是我喝得最多，我內人、小孩喝得較少。

問 **您喝的茶通常是自己泡或是家人幫你泡？**

答 都是我自己泡，這樣濃度可以自己調。

問 **您平常喝那些茶？**

答 我家裡各種茶都有，不過平常我較喜歡喝包種，因為它清香，最合我的胃口。

問 **市面上很多茶爲了討好消費者都添加別的材料，就您的看法以爲如何？**

答 我習慣稱它為「調味茶」，比方說加點檸檬、糖啦，嗜好品在花樣上應多作變化，依每一年齡的需要而設計，就像糖果、餅乾一樣，千變萬化，同時這也是一種很好的促銷方式。

問 **目前台灣教育機構，有無關於茶的科系？**

答 在台大有「茶作學」這門課，有興趣的學生都可以學；青年人有朝氣，培養他們對茶能有更深一層認識，是值得去做的。尤其我們茶業界有感於人才不濟，可以在農校裡設置茶葉科，正式發給學歷文憑，應是可行的辦法。

問 **請您說幾句對年輕一輩訓勉的話。**

答 茶，需要靠提倡，一定要有人去提倡！像三重國中的張老師那樣，讓學生認識茶葉，認識以後，自然會喜歡喝茶。此外，仍需靠業者本身及新聞傳播界多介紹。

劉榮標

【茶葉抗癌研究先驅】

談泡茶、喝茶、研究茶

△圖中右者為劉榮標

我與劉教授相識有六年之久，瞭解他是一個典型的學術研究者。無論他的研究結果如何，就他的研究精神就足以令人感佩。

據我所知，以一個醫學界的人而言，他是實際從事茶業研究學位最高的人。雖然他並非政府官員或專門研究茶業機構的職業研究者，純以超然的立場，專一的態度從事茶葉方面的研究。三十年來除了在台大教書及研究工作外，從不在外兼職，紮實而專注的研究，不慕名利，誠懇執著，從不沽名釣譽，到處作「秀」。甚至於把自己所得的薪水都耗在研究工作上。因此，樹立了獨特的風範，深深的令人敬佩！所以我特地訪問被譽為「現代神農氏」的劉榮標博士。

經過約定，我們在5月17日、18日、24日採訪劉教授，訪問地點包括台大獸醫研究所以及茶藝協會辦公室。從這次訪問中，可以瞭解到劉教授行事嚴謹的一面，以上三次不同時間及地點的訪談記錄，都由劉教授親自過目，一字一句的斟酌，反覆運思才定稿。可見他對任何事都懷抱著一種一絲不苟的態度，工作時是那麼的認真嚴謹，但是對人卻寬厚溫和，值得我們學習。

在訪問的過程中，劉教授一再的表示：他能夠專心從事學術研究工作，要感謝妻子：相夫、教子、持家的功勞，以及助理陳群英女士十多年不間斷地協助。

當記者問劉夫人對這幾十年的生活有何感想時，她說：回日本探親遇到過去的同學，都羨慕她還能夠那麼年輕。可

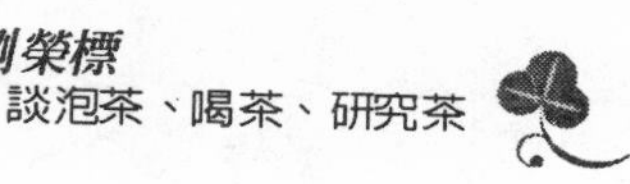

見，劉夫人雖然擔子重些，但生活是快樂、滿足和幸福的。

＊　＊　＊　＊　＊

問 **請劉教授自我介紹一下。**

答 我是台灣苗栗人，民國3年3月26日出生，現年六十九歲。日本東京獸醫專科學校畢業之學士、慶應大學醫學博士、北海道大學獸醫學博士。民國35年應台大聘請回台，民國36年開始在台大擔任家畜微生物學、家畜傳染病學及人畜共同疾病學的教授。血型：B型。

問 **請問劉教授，您爲什麼會選擇獸醫這一行業？**

答 日據時代我從公學校高等科畢業，打算繼續升學，家父主張我學獸醫，他認為我個性內向，不太會說話，如果去當獸醫只要專心照顧動物，替動物治病，用不著開口，對我完全合適。事實上家父的意見完全對，我很感謝他為我作這個決定。經畢業獸醫專科學校才知念獸醫比人醫難，因為動物種類多，也不說話，與嬰兒一樣的。而後才知道歐美國家之獸醫學水準與醫學相同或超過醫學。

問 **劉教授近年來研究的工作有那些？**

答 主要包括三項：

一、小白鼠罹患腹水癌之抑制研究。

二、一般食物中毒及傷寒、赤痢、霍亂等病菌的抑制研究。

三、人類傳染病感染率最高的弓蟲病的預防。

我已經從實驗中證明茶葉對以上三項病原體的確產生有價值的效果。

最近我把實驗的心得結集成書，書名是《茶與健康簡說》，由「中華茶藝雜誌社」出版，對於茶與健康之間的密切關係有詳盡的解說，此書收入將作為茶葉健康的研究基金。如果大家有興趣，可以買一本看看。

問 請問劉教授在茶的研究方面有什麼計劃呢？

答 根據記載，神農氏發現茶能解毒，但是並沒有科學基礎，尤其是對各種病毒的抗病性，沒有科學的實驗，我已做了茶能殺死細菌的證明，外國很重視這個實驗。今後準備繼續做的是：茶能解農藥和病毒的抗病性。苗栗造橋那塊地就是準備做為興建實驗室用。

問 請劉博士談談成立「國際人畜共同疾病研究基金會」的動機？

答 人畜共同的疾病，曾在人類史上帶來極大的禍患，民國七年在西班牙開始蔓延的豬型流行性感冒，導致全世界兩千萬人口的死亡，以台灣為例，就有十萬人因而病故，可見人畜共同的疾病影響民生甚鉅。為了早作預防，研究疾病的成因，我在民國61年成立「國際人畜共同疾病研究所」，專門從事這方面的研究工作。維持研究所需要經

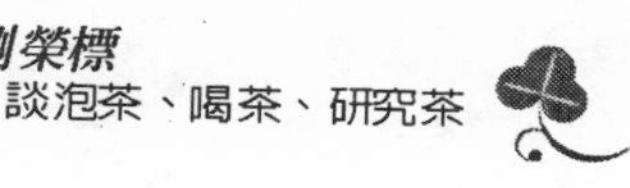

費，六年前農復會建議本人成立研究基金會。

問　那麼成立以後，社會有什麼反應？

答　「國際人畜共同疾病研究所」成立以後，受到了醫學與獸醫界的重視，有研究所就有人材，大學方面可以開課；同時大養豬場許多病可以解決預防，故願意撥款協助研究；而且家鄉苗栗造橋的父老們，也捐了土地準備籌建永久會所，使我十分感動，有那麼多的人具有愛心，關懷人類的福祉。

問　您研究人畜共同疾病的防治，爲什麼和茶發生了關係呢？

答　我研究人畜病原微生物學已有四十多年，想到人類癌症應該可以預防，在考慮用什麼東西作實驗時，想到與生活關係最密切的是茶，經過試驗，有顯著的效用，因而與茶結了不解之緣。

問　劉博士所作的實驗以什麼爲對象？

答　通常以小白鼠作實驗，曾經把研究的日本腦炎疫苗打在自己身上，再看事後的反應。希望我的研究能對人類有好處，至於拿我本身作為實驗的材料，只是為了瞭解疫苗真正的療效。以前在日本北里研究所研究炭疽病時也這樣做。

問 聽說您曾發明「細菌簡易染色法」有何作用？

答 這種「細菌簡易染色法」是抗戰中在日本缺乏研究材料環境中，而想出簡單的染色法，曾以中、日、韓、英、西班牙等五種語言印行，適用世界各國，在教學和實驗上功效極大。

問 從您的實驗中，茶可能還會減少癌症的發生，是否有確切的證據？

答 很多人談癌色變。依據癌症發生率的調查，日本茶產地靜岡縣，本省南投、苗栗兩產茶之縣人民癌症死亡率比非產茶地為低，可見茶很可能有防癌的作用，日本醫學界充分支持這種理論。

問 請問劉教授，在您的研究過程中所遭遇的最大困難是什麼？

答 我希望有生之年把全部的時間放在茶與健康的研究上，但是經費是最大的困難，沒有經費，許多研究無法做。

問 劉教授家裡是否有從事茶園工作？您是否從小即喝茶？

答 我家沒有種茶，也不做茶生意。從小沒有喝茶，但老人家有喝茶。直至三年前我研究茶對癌症預防的關係後，開始經常的喝茶，每天三餐後一定喝。

問 **請問劉教授喝什麼茶比較多？**

答 什麼茶都喝，但以喝烏龍茶較多。

問 **您對喝茶的看法如何？**

答 喝茶能保持身體健康，但願大家能時常喝茶。多喝茶確實有益，在社會時常聽到發生食物中毒，這是因為沒有喝茶的關係。現代社會，有少部分人對喝茶興趣轉弱。多半飲一些西化的飲料，實在是很可惜的事。天天喝茶，不僅生津止渴，而且益壽延年。

問 **請問劉教授，現代人喝茶的方法是否需要研究改進？**

答 老的方法太古老，不適合現代工商業社會，不過我發覺，用古式的小杯喝茶，像老人茶之類的小壺應可以保存，因為一次喝的量少，刺激性較小，腦的興奮弱，也有好處。

問 **老一輩的人常說：「隔夜茶不能喝」、「吃藥不能配茶」是否有根據？**

答 隔夜茶最好不要喝，具有芽胞的黴菌到處有，在茶水中會繁殖，若放在冰箱內比較安全。茶也會分解藥中的某些成份，所以吃藥前後不要喝茶。

問　就劉教授的看法，目前喝茶的方式是否有商榷的必要。

答　目前泡茶的水質需要檢討，水中的漂白粉存在是最大問題，最好能揮發掉。想要解決漂白粉的成分很簡單，一是用濾水器過濾的水沒有氯氣，另一法是自來水貯存一晚，氯氣會揮發掉，可以泡茶。水中含氯，對於皮膚及體內粘膜多少有影響，因漂白粉是一種消毒藥，這藥會殺死細菌，不可能對身體細胞無影響。

問　如果氯有害身體，那麼自來水的消毒怎麼辦？

答　有三種方法：少量的水使用過濾器過濾水，大量的水使用水塔貯存的水，這樣水中氯氣已經揮發了。加拿大就不用氯來消毒，改為用氟。

問　請劉教授談談喝茶時有什麼需要注意的地方？泡茶時間的長短與喝茶有何關係？年紀大的人適合喝茶嗎？

答　我已經說過喝茶與水質有關，所以喝茶時一定要符合科學的原則，泡茶時間至少要五分鐘，否則茶不夠濃。泡茶的開水最好經過實驗來確定水質是否良好，目前有一種指示藥用起來很方便，只要滴兩滴就可以檢驗水質，如果水色變黃，表示有漂白粉；假如無色，就是安全。煮的開水必須達到攝氏98至100度，漂白粉之氯氣才完全揮發，我們可以從小開始培養喝茶的習慣，會對身體有幫助。有胃病的人最好不要喝刺激性的茶，必須講究茶的品質。一般而

言，全發酵茶（如紅茶）的刺激性小，其次是半發酵（如烏龍茶），而不發酵茶（如綠茶）的刺激性可能最大。

日本人對於喝茶十分重視，特別為老年人及有胃病的人研製了一種玄米茶（即糙米茶），不但有營養，而且沒有刺激性。

問 請問劉教授，喝茶有沒有農藥的問題？

答 茶與農藥應該要徹底檢討。用什麼藥、噴幾天之後可以採收，必須有科學的研究，嚴格管理，政府已有規定公佈。有人懷疑茶中農藥的含量而不敢喝，所以要做實驗來證明無農藥殘留，免得讓人懷疑而不敢喝茶。

問 請問劉教授現在的學術研究是如何發展出來的？

答 以我研究學術四十多年的經驗，新的事實和新的項目的發現，有80～90%是偶然的。因此，在研究工作上有研究價值的新題目從來都不會感到缺乏，一旦對於研究工作有突破性發展時，也就是我最高興的時候。

以我個人的看法，作研究工作的人一定要有信仰，因為神的庇佑，產生了新的靈感，機會難得，不能錯過。有了堅定的信仰，研究的項目將永無窮盡。別人想不到的實驗都能做，包括外國學者想不到的新知，也能發現。

問 您認爲應如何在學術上與他國交流？

答 要讓外國學者知道中華民國有人在作學術研究，可以把研究的結果在他國刊物上發表，喚起國際的重視。將來我計劃成立的造橋研究室，打算把研究發展作成報告，出版專業刊物，使學術文化交流。目前我已出版兩種雜誌，半年一期，包括國際人畜共同疾病研究報告癌症預防之控制。

問 請問您，做爲一個從事學術研究的工作者，應具備那些條件呢？

答 除了有專門的學識之外，還要有決心，有毅力，有恆心，不斷的吸收新知，不停的實驗，以及鍥而不捨的精神。做為一個學術研究的工作者，應該抱持堅定的信念，貢獻自己最大的力量，為人群謀福利。

問 您從事教育工作三十多年，桃李滿門，最感欣慰的事是什麼？

答 我的學生們多半成為畜牧獸醫界的專家，他們不僅在國內工作，也有的在國外求發展，他們的成就就是我的光榮。同時，我多年的研究報告在國際上被應用，並且在日、美、韓、秘魯等國書本上的刊登，是最高興的事。

問 請問劉教授，作爲一個學術研究者應該抱著何種態度？

答 學術研究是漫長而孤寂的道路，需要很大的耐性，全心全力的研究，努力不懈，心無旁騖。很多外國學者從事學術研究時，日以繼夜，連晚上也在實驗室裡睡覺，可

以說以「室」為家。我每天都進行研究工作，晚上照樣返家休息。

問 **作爲一個學術研究工作者，必須有效的運用時間，請問劉教授應如何支配時間？**

答 專心是最重要的，只要全神貫注就可以充分的利用時間、研究計劃便可以循序完成。

問 **劉教授請教您進行研究工作時，除了夫人協助使您的家庭安定外，有沒有其他人事方面的因素？**

答 一個自然科學的學者要研究成功，必須有偉大的老師與忠實、優良的幫手。我有很好的指導教授，也有可靠的幫手，由於他們的配合，才使我的工作順利完成。

在日本研究所時代協助我的是鈴木小姐。目前在台灣大學的研究工作，多半得力於陳群英小姐的幫忙。起初陳小姐遠從新竹趕到台北上班，十分的辛苦。她們在籌備實驗工作時非常週到，使我工作起來得心應手，水到渠成。

問 **您從事教育工作卅多年，請問您有什麼感想？**

答 大學教育與研究工作是平行的，若不做研究就失去意義了。這個工作我很喜歡，確實選對了行業。現在把全付心力投注在動物醫學上，為了從事學術研究，工作相當忙碌，沒有時間兼顧家務，幸而內人賢淑能幹，照顧家庭，使我沒有半點牽掛，可以專注的研究。

問 **請劉教授談談您的另一半？**

答 在日本求學時，經由老師及親友的介紹，認識了我的妻子菊野女士，她是日本籍，相當柔順，勤儉持家，相夫教子。我把時間全部投注在實驗上，沒有常常陪她，她卻從不抱怨，幫助我照顧子女，把家事處理的井井有條。現代女子如果嫁給我這樣的丈夫，也許早就跑了。菊野容忍我的一切，專心的料理家務，安排全家大小的生活，如果不是她的支持與鼓勵，我不會有這麼好的機會做這麼多的實驗。我相信幸運之神是眷顧我的，因為我有這麼溫婉的太太，作我的精神支柱！由於她的犧牲，我才沒有後顧之憂；由於她的教育，我的孩子才沒有變壞。她是影響我一生的關鍵人物，雖然我不曾對她甜言蜜語，在內心都有太多的感激，以及由衷的讚美。

問 **請問劉教授，您的研究工作是否有培養後進？子女是否也參與研究工作？**

答 我有培養後一代的青年。我有三個孩子，老大大學畢業後，在東京從事國際貿易工作，老二是有機化學博士，現在在美國做免疫學研究，老三在台灣亦做國際貿易。

問 **您在教育崗位工作了那麼多年，可否談談您對以前的青少年和現在的青少年的看法有何不同？**

答 以前的青少年拘謹、安份、被動、保守，他們求學的態度認真，名利的觀念較淡；現在的青少年主動、積極、冒險心重、精力旺盛，比較注重現實的利益。

問 **請問您對子女教育的看法如何？**

答 教育子女，一定要嚴格。如果疏忽了他們，孩子便缺乏溫暖；如果過於放縱，孩子們容易淪為太保流氓，所以嚴格的教育是指導子女的不二法門。內人採取嚴謹的古代日本式教育，指導我們的子女，使他們中規中矩，各有所成。唯一遺憾的是：為了工作與實驗，我失去了很多與子女獨處的機會。在他們的心目中，我一直是忙碌的學術工作者，有很大的使命，有更多的責任，所以沒有機會與妻子兒女出遊。但我從來不打孩子，孩子們瞭解我工作的性質，從來不干擾我的研究。

問 **請問劉教授，除了做實驗外，還做些什麼休閒活動？**

答 我喜歡看自然界的生態變化，發現人有很多地方需要向動物學習。例如：地震，很多動物會有預感，但人比動物鈍感，無預感性。又對於植物界具有興趣，有很多種非中藥的植物及茶葉可以醫治人類的疾病，也有多種植物可以代替蔬菜煮食。

問 **聽說劉教授吃素，原因是什麼？**

答 我吃素食有一年多的時間。由於家父家母篤信佛教，所以我也信佛，並且曾到供奉觀世音菩薩的新竹北埔廟拜拜，凡是到那裡膜拜的信徒一定要吃素。素食者不可以喝酒，對身體健康有益。特別是出國時應酬很多，吃素的話比較不累。

問 **請問劉教授，對於有志從事學術研究的青年有何期許？**

有熱誠，有禮貌的青年，我願意支持他。

鄭添福

【優良茶特等獎得主】

談優良茶的製造方法

鄭添福先生，台灣省台北縣坪林鄉人，1955年生，世代茶農，台北西湖工商高職畢業，跟隨父親做茶，主要製作包種茶，包括條形包種茶暨文山包種茶及半球形包種茶暨凍頂形包種茶。鄭添福目前在台北市瑞安街有門市部販售茶葉，店名為「老吉子」茶坊，何以取名老吉子？其來自父親鄭迪吉在40歲時就滿頭白髮，鄉里人叫他「老吉」，後來要開設茶坊時，為了取店名，覺得自己是老吉的兒子，而筆畫算起來又很吉利，於是就決定「老吉子」三個字。

鄭添福自做茶以後，先後已得到文山包種茶二次特等獎，高山茶五次特等獎，可以說是「特等獎之家」。他的夫人說：鄭添福做茶很細心、很執著，自我要求很高，又能接受新觀念，每次做茶時都全心盡力的投入工作，不抽煙、不喝酒，除了做茶、研究茶沒有其他的嗜好，是一位對茶十分執著的人。

家裡有五個兄弟，三位姐姐，自己排行兄弟中的老三，目前有一位弟弟在坪林做茶，其他的兄弟從事別的行業，自己有兩個女兒，老大在美國念大學四年級，小女兒在台北一女中念書，家裡生活很簡樸，全心做好茶，目前在坪林的茶園是由弟弟在管理，自己主要是到阿里山去做高山茶。

以下是訪談的內容：

* * * * *

問 請問您對每年的優良茶比賽有何看法？

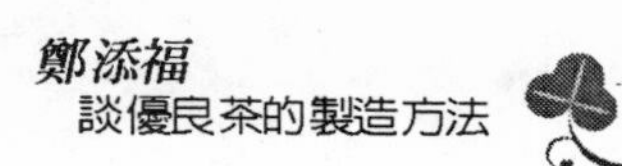

答 我曾參加過六次優良茶比賽。最大的收穫是利用比賽的機會，可以琢磨自己的技術，和其他與賽者交換茶樣，相互觀摩，並改進自己製茶的缺點。

問 **您對上一輩的製茶方法有何看法？**

答 老人家的製茶技術是有目共睹，希望能秉承持續下去，再不斷改進。

問 **優良茶比賽有何缺點需改進？**

答 一、在比賽會中，希望時間能夠縮短，使每道茶皆可泡兩次。

二、最好及早公佈得獎名單，可延後頒獎。

三、舉辦的地點能讓一般人參觀。

問 **製茶時有什麼應該注意的地方？**

答 製茶與照顧小孩一樣，要付出愛心與耐心，仔細的照顧，必然會有好的收穫。

問 **請您談談坪林的茶有什麼特色？**

答 文山包種茶是比較細膩清香。它的製造過程是攪拌較輕，但次數多，所以時間長，發酵程度也較低。為了保持新鮮，通常在乾燥後馬上焙火，焙火方法與凍頂茶相同，是屬於素茶，一般都用木炭焙火，初焙必須達到手折梗會斷即可。

問 請問一般茶農對優良茶比賽反應如何？

答 茶農都很熱心參與這種活動，但農會、地方政府限於經費，無法讓所有人參加。目前坪林有很多年輕人從事製茶工作。

我們都希望政府多辦講習會，不要太限制資格，凡是有興趣及有志於此者皆可參加，但參加講習會則要從嚴，達到真正講習的目的，多培養人才。

問 請問製造好茶要具備那些條件？

答 主要具備以下五要件：

一、注意天候。

二、選擇地形。

三、選擇品種。

四、人手要足。

五、專心與耐心努力地去研究。

問 請您談談這次獲得特等獎做茶的公式？

答 茶的好壞關鍵在於發酵。通常我每回做好茶之後，都要試泡，然後將等級最好的併堆，取出最好的茶樣按照規定數量交去。

採茶時不要握得很緊，也不要太大把，用籮筐裝好，採

回後馬上攤開。

溫濕度大概為溫度25℃左右，濕度68%左右，發酵時間攪拌五、六次，攪拌重的味道較重，反之則輕。在萎凋過程中很重要，要專心不可疏忽。乾燥過程與一般一樣。

這次比賽的茶是製好後三天交出茶樣，要使茶葉不變質，主要儲存方法，不要直接受到陽光照射。我在運送時，除了用塑膠袋裝，上面還蓋一層棉被，以免被陽光照射。最好在晚上輸送。

問 今年的比賽茶和往年的茶有何不同？

答 今年茶的香氣與往年不同，以往只用溫度計，而今年則溫、濕度計皆用。我認為製茶過程也要注意衛生，不抽煙、喝酒，或打赤膊，因為煙、酒後的敏感度不高，會影響嗅覺的判斷。

問 噴灑農藥是否影響茶葉品質？

答 會有影響，最好讓其自然生長，在不妨害茶樹生長範圍內盡量不要用農藥。我通常施少量肥，使用台肥一號再加上一般的有機肥料。

製茶技術很重要，不但要專心，而且要仔細。今年比賽的茶和往年一樣，特別注意濕度與天氣。茶種為青心烏龍，今年參賽的茶葉是前年栽種，屬新茶樹，新的土地，還要注意少用化學的除草劑。

問 **請問您對將來製茶前途有什麼看法？**

答 我還是要強調應重質不重量，不要廣植面積，應使茶樹能更新。盡量用新的科技方法來改良製茶方法，才有前途。

問 **請問您爲什麼從事製茶這一行？**

答 因為從小在這種環境中長大，自然而然對從事製茶工作有興趣，而且我特別喜歡茶的香氣。

問 **您的茶園有多大，可製多少茶？**

答 目前茶園可採製三百斤左右，面積大約有一甲，一個人一天可採十五斤到二十斤茶菁，請一個採茶工一天要四百至五百元，且供食宿。

問 **機器採茶與手採有何不同？**

答 機器採的茶葉參差不齊。手採的較整齊，手採時不要握太緊。

問 **下雨天是否一定不能採茶？**

答 下雨天對我來說沒有影響，主要因為我用了塑膠布來覆蓋茶樹，那麼長期下雨也不會影響採茶的工作，這樣才能製造出好茶。

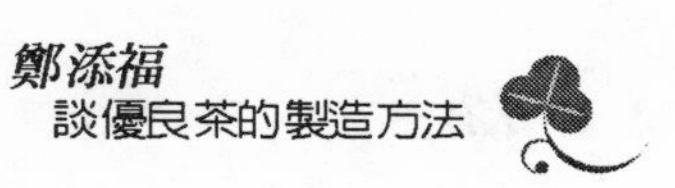

問 **今年的文山包種茶比往年的價格如何？**

答 因為雨季太長的關係，品質有些受影響，今年的茶葉比往年的價格低。

問 **目前您生產的茶葉如何保存？**

答 原則上可以保存三個月，三個月後必須再覆焙、除濕，我認為放在冰箱是最好的儲存方式，但包裝要完全密封，而且要再取出部分使用時，必須等一段時間，使內外溫度相同，才可打開。

問 **明年有沒有把握再得獎？**

答 我有把握將冬茶做得與今年一樣好，但得不得獎就不一定了！我在製茶過程中隨時紀錄，以便參考、改進。

問 **請問鄭先生對目前茶業界有何建議？**

答 一、我建議政府不要不斷地鼓勵廣植面積、擴展茶區，應該多培養專門人才，來改良茶的品質。我認為提高品質比增加產量更重要。

二、希望改良場能設計出適合各地茶區使用的萎凋工廠，供茶農在不同的天候參考使用。

三、主管茶業當局，應有一致的看法，使學術與實際能配合，例如有的注重口味與喉韻，認為製茶應做出合乎消費者口味茶葉；有的則喜歡清新與活潑，認為各地區的茶應具有各地區特色，保持一貫水準，不要因為商業行為而影響各地之特色。到底應該怎麼做，茶農無所適從。

問 **請問鄭先生得獎後有什麼感想？**

答 這次能得獎，要感謝家父鄭迪吉先生，他時常鼓勵我做茶一定要實在、虛心。今後仍將本此庭訓繼續努力、不斷向前輩請教。

蔡榮章

【茶藝文化拓荒者】

談陸羽茶藝中心經營理念

卅多年來，台灣的茶藝，可以說是一片空虛、蒼白與荒蕪的沙漠。近幾年來，年輕的一代經過不斷地反省，為了不忍坐視它繼續荒蕪下去，他們願意在沙漠中建立綠洲，於是以實際行動投身茶藝的行列，使中國茶藝閃爍萬丈的光芒。

蔡榮章先生便是茶藝沙漠的積極拓荒者，以理性的態度，繼續不斷的前往開墾，劍及履及、努力耕耘。也許，他的劍法不是最優美的，甚至於不完全正確；但無可否認的，他披荊斬棘的精神，以及對文化投注的心血，鼓舞了許許多多其他的人，為茶藝開闢了一條新路。

我們樂於看到的是更多的拓荒者，以實際的行動來開拓這塊園地，為茶藝文化建立璀璨的未來。

蔡榮章先生可以說是發揚茶藝文化的行動家，他以藝術思想和堅忍毅力投身茶藝文化，推動這項有意義的復興運動。

*　　*　　*　　*　　*

問　請問蔡總經理，陸羽茶藝中心何時成立？成立的動機是什麼？

答　民國69年12月25日成立了陸羽茶藝中心。

過去茶行只把茶葉當作單純商品來買賣，沒有人從文化及享用的角度來推廣茶藝。就整個茶業界來說，茶葉不僅是商品而且是文化的產物，它可以單獨扮演適當的角色，為了實現這個理想，於是我們創設了陸羽茶藝中心。

問 **請問貴中心的具體活動與工作有那些？**

答 我們的主要工作項目可分為四個部分：

一、全套茶具的設計與製造。發展茶藝一定要有全套的茶具，如果沒有完善的泡茶用具，就不足為功。

二、把茶葉作一番整理。在陸羽茶藝中心可以買到、喝到各種不同的茶葉，不僅是國內的茶葉，甚至全世界的茶葉都包括在內，種類齊全，消費者都可以一窺茶葉的全貌。而且我們將之做有系列的分類，使消費者很容易選購到自己喜歡的茶葉。

三、現場品茗。如同一般茶藝館的形態，備有全套泡茶用具，把各種茶取代表性的品質供給大家現場品嘗，享受泡茶的樂趣。

四、茶藝知識的傳播。舉辦各種茶學講座，分初級和高級。

㈠初級班（即基礎班）：每一班有學員四十名，共授課八堂十六個小時

㈡高級班：

⑴評茶講座。

⑵壺藝講座。

⑶泡茶講座。

⑷味茶小集：六人一組，一次品三種茶，每週聚會一次，可以享受到各種不同種類的好茶。

問 **請您介紹一下貴中心的茶學講座。參加的學員的目的是什麼？他們多半是那一行業的人較多？**

答 茶學講座到目前已經一〇九期，壺藝講座也已辦了七期，評茶講座六期，泡茶講座五期，味茶講座交叉進行中一共有四班。參加人數將近五千人。

參與茶學講座的人各行各業的都有，大部份是因為對茶藝有興趣才參加的，茶藝可以增加生活的樂趣。他們的素質很高，85%以上是大專畢業，職業上以從事工商業者、醫生、護士、家庭主婦、秘書、老師居多，性別上女性多於男性，年齡以三十歲左右為多。除此之外，有少部分的業者為了從事此一行業而來，由於業務上的需要，甚至遠從中南部到台北學習茶藝。

問 **是否請您談談茶藝講座的內容是什麼？評茶講座、味茶小集、泡茶講座的課程有那些？**

答 **一、茶藝講座：**

㈠茶樹栽培與茶葉製作。

㈡各種茶之認識。

㈢如何享用一杯茶。

㈣泡茶演練。

㈤陶藝與茶藝。

㈥茶藝文化的認識。

㈦泡茶比賽。

㈧複習測驗與座談。

二、評茶講座：

㈠⑴評茶的方法。

⑵輕發酵茶。

㈡⑴青茶類的認識。

⑵半發酵茶品質等級的比較。

㈢⑴世界產茶狀況。

⑵重發酵茶。

㈣⑴後氧化作用與陳年茶。

⑵特種茶。

㈤複習座談。

三、泡茶講座：

㈠⑴全套泡茶示範解說。

⑵凍頂茶特性解說。

㈡⑴基本動作之加強。

⑵武夷茶特性解說。

㈢⑴其他泡法之介紹。

⑵標準茶湯之要求。

⑶白毫烏龍特性解說。

㈣⑴鐵觀音特性解說。

⑵泡茶比賽。

㈤課程複習與研討。

四、味茶小集。

三、五愛茶朋友，每週相約尋天下名茶之美味，各敘體會之境，共享茶藝生活的樂趣。

問 **對於茶藝知識的推廣您有何計劃？有沒有打算擴大？**

答 最近沒有擴大的計劃。目前這幾個班的負荷恰到好處。由於基礎班完全免費，有很多人報名，現在報名要排到明年的春天才能上課，目前只能維持現狀。除非營業狀況特別擴大，才有辦法拓展。

問 **能不能請蔡總經理談談陸羽茶藝中心的茶葉大致分爲那幾種？**

答 一般言之，可以分成四大類，包括綠茶、烏龍茶、白茶、紅茶。

一、綠茶（不醱酵茶）：龍井、碧螺春（本中心特有）。

二、烏龍茶（半醱酵茶）：清茶、香片、凍頂、正欉鐵觀音、正欉水仙、武夷茶、白毫烏龍等。

三、白茶（半醱酵茶）：白毫銀針、牡丹烏龍。

四、紅茶（全醱酵茶）：工夫紅茶。

問 **那麼陸羽茶藝中心的茶葉種類是最齊全的了？**

答 我們的茶葉種類最齊備，如果現在到陸羽品茗，可以享遍天下名茶。如水仙就有台灣正欉水仙、進口水仙、一般水仙之分。各類茶中又分各種特色等級，不同品質、不同特性的茶都包括在內。

問 茶葉的包裝方式應如何改善比較理想？

答 在包裝方式上我們提倡罐裝茶。我們曾經做過實驗，把茶葉分成兩種方式包裝，一種加以好好的保管，另一種隨便放在塑膠袋內，一個月以後發現，塑膠袋內的茶葉已變質，根本不可能賣掉；經過保管的茶葉則完好如初。所以我們必須珍視茶葉。把它當作肉類或其他食品來看，否則在台灣這種高溫、高濕的氣候影響下，品質容易受損。我們特地把茶葉印上有效期間一定要用掉，嚴格的品質管制，能使茶葉保持一定的水準。

問 罐裝茶要如何保管？有什麼要注意的地方？

答 散裝茶也要裝罐比較好。罐裝茶葉在作法上我們注意以下兩點：一、製作完畢裝罐，減少中間撥弄次數，確保品質。二、銷售時罐口不要密封。而且罐子不秤重、不加價。消費者應養成購買罐裝茶的習慣，開口不密封使買者看得到、摸得到、聞得到。台灣在推廣罐裝茶期間，可以慢慢的教育消費者，讓大家接受這種新觀念，使罐裝茶成為一種必然的趨勢。

問 請問蔡總經理目前茶具設計方面完成了那些？

答 完成了茶車等四大類：
一、茶車。

二、沖泡器：壺、杯、盅、船、荷、茶盤、茶巾、茶巾盤、渣匙、計時器、個人品茗組。

三、備水器：水盤、電茶壺。

四、貯茶器：各式各樣的茶葉罐。

另外完成各種形式的壺組，基本壺組到了第五世，今年可以發展到第六世。

問 您認爲茶具將來的發展如何？

答 我想中國的茶具應在型制上能做到「豐富」、「燦爛」的地步！當我們談到餐具或酒具的時候，馬上會聯想到歐洲餐具酒具的燦爛豐富。我希望中國的茶具也能成為東方的代表性產物，甚至在不同的場合，如品茗、開會、家庭、公司，有各種不同的茶具，將來可以考慮發展成為各種茶用不同的茶具來配合，使茶具在造形、功能上更豐富、燦爛。

問 經營陸羽茶藝中心，有沒有遇到什麼困難？

答 我們遇到的困難大約有三個：

一、目前茶藝館發展最大的困難是人才獲得不易。由於教育體系中沒有此類專門科系，很少有人想到以後從事這一行業，所以一切要從頭教起。歡迎有心茶藝文化的年輕人參加我們的行列，我們很希望儲備這樣的人才，在事業上共同努力。希望凡是參與者以後也變成投資者，共同創造前途

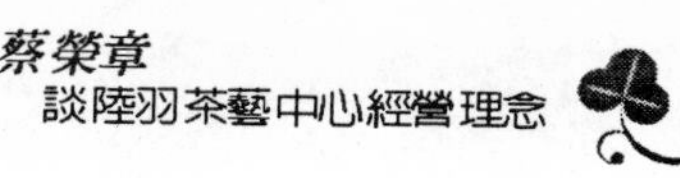

及財富。

二、陸羽茶藝中心目前肩負有茶藝推廣教育的使命，然茶業營利能力並非很強，擔負這種工作，面臨的難題比較多。我最高興從事茶藝工作，而「傳教」的事往往需要依賴營利，才能放手去做，是比較困難的地方。

三、我一直在努力，希望能塑造現代茶藝館的新形象，不希望它是別人消磨時間的場所，要具有更積極的意義。很多人在茶藝館中喧嘩，我們花了很多心血勸導顧客安靜。並且設吸煙區與禁煙區，遇到許多困擾，往往要費盡唇舌，花費很大的力氣使顧客瞭解我們的苦心。

問 **請蔡總經理談談「現代茶藝館」的定義？**

答 現代茶藝館並非消磨時間的地方，那麼現代茶藝館究竟是什麼呢？茶藝館應該是一個品茗、以茶會友、欣賞壺藝、獲取茶藝知識的場所。現代茶藝館必須講究茶葉的品質、講究泡茶用具、講究泡茶方法、講究品茗的環境，同時必須具備足夠的茶藝知識。而睡覺、打牌、高聲喧嘩等行為應該是被禁止之列。

問 **以您經營陸羽茶藝中心的經驗，品茗的顧客大約是那一層面的人較多？**

答 起初有少部分言行粗魯的人出現在茶藝館內，現在慢慢減少；目前的趨勢是年輕人慢慢的增加，而且在教育程度及個人修養上都有顯著的提高，茶藝館的新形象正逐漸建立中，茶藝館如果能不斷的努力，形象會被大家接受。

問 **請您談談是什麼原因促使您投向茶藝這一行？**

答 我是文化學院觀光系畢業的。當兵以後以一個「寶島周遊券的計畫」（憑旅行券出去旅行的旅行方式）進入旅遊界，在錫安旅行社工作了七年之久。發現觀光的內容太貧乏，幾乎無「光」可「觀」。我認為充實我們的觀光內容是很重要的課題。至於充實我們的觀光內容可以從兩方面著手，一方面開發自然資源，另一方面從人文上來研究。如果能從人文上充實觀光內容，就個人力量而言比較容易實現，所以我選擇了後者。

從傳統文化尋根以後，發現茶藝是很好的文化，但是很少人去做，所以才投入茶藝界。起初我和幾位老師以座談會的方式，找許多茶藝界的專家探討茶藝問題，同時也自我學習，搜集各類書籍，整理出一套有關茶藝的資料。適逢中國功夫茶館成立，擔任了二年經理，由於投資者事業失敗，連帶波及茶藝館，只好停辦。理想尚未實現，隨後成立陸羽茶藝中心，繼續未完成的心願。我在這段時間曾在淡水工商、醒吾商專擔任觀光課程講師，並且在旅遊刊物上發表旅遊專欄，同時在中國時報撰寫了一年半的「茶博士聊天」專欄，目前希望整理出現存的資料，貢獻社會。

問 **目前茶藝館像雨後春筍般的成立，對於這種現象蔡總經理有什麼看法？**

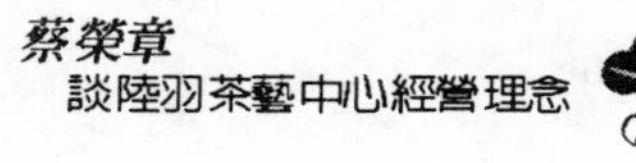

答 這是現代人開始注重我們自己生活方式的證明，在這種風氣之下造成的必然結果，茶藝館能蓬勃發展是十分好的現象。我由衷的希望真正懂茶藝而且有心茶藝文化發展的人出來從事這一方面的推廣工作，讓這一行業能更茁壯。在蓬勃發展的情況下，難免有各種形態的茶藝館出現，希望方才所說的有心人能引導茶藝館朝向好的路線發展。

問 **您認爲一個茶藝工作者必須具備什麼條件？**

答 一、對於茶藝文化一定要有明朗的認識，不一定要專精，在這方面可以找專業知識人才協助。

二、具備企業經營管理能力。

有了以上兩點就足夠了。

問 **您是「中華民國茶藝協會」的發起人之一，又是本會常務理事，請問您認爲「中華民國茶藝協會」應如何具體推動茶藝工作？**

答 一、茶藝知識的傳播應列為優先的工作，不止是消息的傳播也要有知識的傳播，除了月刊發行以外，宜積極舉辦定期茶藝講座，這樣對整個茶藝界的發展也有幫助。

二、注意業界的連繫。不管是茶葉或茶藝界，連繫工作有待加強，茶藝協會最好擔任此一角色。

三、行有餘力可以帶動茶業界的一些研究工作。包括茶葉製作及茶藝上種種問題，並非一定要有常設單位，不妨用座談會方式促使帶頭作用，執行上也不會太困難。

問 **是否請您談談您的成長過程？**

答 我是高雄梓官鄉蚵仔寮人。家裡一直從事養殖業，與茶倒沒有什麼關聯。由於自小生長在海邊，接觸到天然的風景，很自然的偏愛美術，從小就喜歡參加這類活動。在省立岡山中學初級部念書時，遇到高中部的美術老師崔吉星，認識他以後經常到他的美術館看畫，這可以說是一種啟蒙教育，也是藝術創作上的啟發。高中時就讀省立鳳山中學，經常到高雄的畫廊欣賞藝術，接觸藝術，創作的機會就更多了。

問 **您的血型是那一型？家庭對您的影響如何？**

答 我的血型是O型，個性上受父母影響約有三分之一，三分之二是後天產生。

問 **能不能請您談談您的心路歷程？**

答 大學時代，很幸運的遇到了思想新、有內涵的一些思想家、藝術家。如已故的藝評家顧獻樑先生，使我進一步接受新的事物，除了文化薰陶之外，在人格修養上有了重大的轉變，特別在創造能力的培養，如今非創造性的事比較提不起我的興趣。這也是我從小培養出來的個性使然。

在旅遊界工作時，曾辦了一段時間的電影欣賞會，把票房紀錄差，具有藝術價值的電影租出來在試片室裡放映，邀

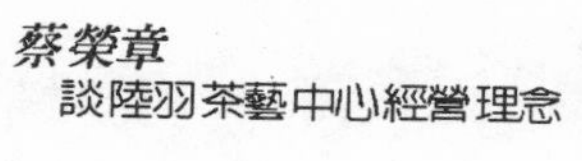

請朋友一起欣賞。好電影對我的影響很大，看了一部好電影等於看了一本好書，有很大的啟迪作用。大學時期也旁聽電影概論、色彩學，又到中興大學旁聽經濟學。對於創造性的工作興致極濃，退伍後所從事的工作幾乎都是自己主動找來的，尚未從報上應徵過工作。

民俗協會理事長婁子匡教授，一直是我的精神支柱。我們互相扶持、相識相知。有一段時間每週四定期會面，言談間討論了許多問題，交換意見，從不同角度探討文化藝術時，醞釀到如何發展茶藝，促使事情產生。積極主動一直是我的人生觀。

問　您從何時開始喝茶？您從事茶藝工作之後，對家庭有什麼影響？

答　我家裡起初並不喝茶。我是從事茶藝工作以後才開始喝茶，完全是理性、有計劃的做這件事。我有二個哥哥、一個姐姐，除了我以外，沒有其他人推廣茶藝，當然從我推廣茶藝以後，他們也開始喝茶。

問　請您談談您目前的家庭狀況？

答　內人是我在文化學院觀光學系的同學，她目前在陸羽茶藝中心擔任企劃工作，是我工作上的好伙伴。我們有三個小孩，大女兒唸小學四年級，二女兒讀小學二年級，么兒今年三歲。

問 請問您怎麼安排休閒生活？

答 內人和我對文化事業興趣十分濃厚，把工作當作生活，所以工作與生活幾乎分不開。二年半以來，幾乎沒有休假，由於感覺到有很多事情沒有做，所以沒法子停頓下來休息，等到將來幹部培養完成，一切上軌道以後，希望有較悠哉的日子。

問 您喜歡看那一類的書？

答 這可以劃分為兩個階段，在從事茶藝之前，我比較偏好文藝知識的探索，多半涉獵藝術、創作方面的書籍。除此之外，創新性事物的知識以及有關哲學思想方面、經營方面、科技方面的書也相當喜歡。現在則是非茶業的書不看。

除了基礎性的學問以外，書籍的速度似乎慢了半拍，從報章雜誌上看到的新知或直接聽演講，顯然比較快速而且容易接受，印象也比較深刻。

問 除了茶藝以外，您有沒有其他的嗜好？

答 只要有關文化藝術方面的活動，我都樂於參與。比如好的畫展、音樂會、舞蹈、電影等。從藝術文化的活動中汲取新知，對於思想及創造能力的培養也有益處。藝術可以說引導我們思想，甚至是整個社會進步的原動力。

問

到目前爲止，使您最愉快的事是什麼？

答

有些在本中心茶學講座畢業的學員，事後告訴我他們在學了茶藝以後，家庭生活更美滿，夫婦更和諧，利用閒暇喝茶聚會，增加夫婦的情趣，無形中多了談情說愛的時間。當我聽到這類事情時，心情特別愉快。

新產品的推出能普受歡迎，別人家裡使用我們的茶具，同樣使我高興。

問

請問有什麼事令您難過呢？

答

倒沒有特別的事情使我難過，精神上卻有。最遺憾的事是當自己的工作尚不順暢時，家母過世，她一直關愛我，擔心我的一切，當她遠離人間以後，我有「樹欲靜而風不止，子欲養而親不在」的感慨。幸而家父健在，所以我經常撥出時間照顧他老人家。

問

是否請您談談您對人生有何計劃？

答

婁子匡先生是民俗專家，整理了四百多部歷史性的書籍，在晚年時領悟出他的一生老是在舊書堆裡打滾，應該做一點與實際生活有關的事，把過去的事物活用在現代生活中。我非常贊成他的觀念，我們應該知道如何活用過去的東西，與新觀念相結合。生命的本質在於如何改善我們的生活，特別是精神生活的提昇。由於物質生活優裕，生活品質提高，其他具體的項目慢慢推行自然會產生。

有關茶藝的事情希望能做得更好，如有餘力可以從茶葉推廣上做一點對人的生活有幫助的事業。好比現在的茶具，發展到一個階段以後能一併把餐具改良，讓人人享受到更好的餐具。誠如先總統　蔣公的名言：「生活的目的在增進人類全體的生活。」人生的意義確實應當如此。

問　請問蔡總經理對目前台灣社會的看法？

答　一、台灣面臨一個轉變期，非常有希望。我們應該有我們自己的文化。文化復興運動提倡了二十多年，已經可以看出實際的成效。從前沒有的藝術季、音樂季、國際藝術節等活動，目前都經常舉辦，可見現在我們在注重自己的文化、提倡生活的內涵。

二、接受新的科技知識，如雷射、電腦等等，會帶動第二次工業革命，宜善加利用。我們的經濟生活及精神生活都在變，可以適時的接受新觀念。

三、經營形態，應接受新的方法。

台灣在幾年以後會呈現新的面目，希望政治環境能促使這三方面不斷的茁壯擴大，那麼大家都有福氣。

鄧景衡

【茶葉地理學博士】

談茶園、茶區、茶比賽

鄧景衡博士，廣東欽縣人，現為文化大學教授，以《台灣北部農業土地利用區域結構之變遷》，榮獲地理學博士，她對當前不當的農地利用型態，提出具體可行的建議與對策。

鄧博士是「中華民國茶藝協會」發起人，品茗是鄧博士最大的嗜好之一，一杯茶可以喝出中國的文化，如何以空間的觀點來研究茶葉的問題是她努力的方向，她計劃把台灣適合種茶地區找出來，並且找出台北市茶藝館合理區位及研究各地飲茶習慣、偏好與食譜的關係。

* * * * *

問　請教鄧博士，什麼樣的環境適合栽種茶樹？

答　一、最適合種茶的地區是濕度大、土質佳、排水良好、雲霧環繞的坡地。

㈠坡地：土地坡度不超過30°為原則。若茶價高，50°的坡地也有人種茶。

㈡土壤：種茶的土質以壤土（微酸性土壤）為佳。

二、沒有空氣污染，遠離工業區，降雨量不大，水質好，終年有霧，交通不太頻繁的地區也很適合種茶。

三、雖然茶園不怕風，然而太大的風也不可以，多半在背風坡地種茶。一般言之，台灣北部以及南投的土質比較好，越往南溫度越高，蒸發快，茶芽硬，所以必須以高海拔來彌補低緯度之缺點。

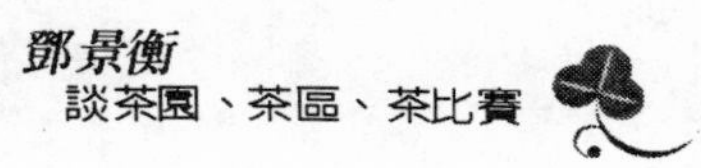

問 請您分析一下台省植茶區？就經濟效益而言，那裡最適合種茶？

答 北部丘陵坡地是本省主要植茶區。東部丘陵山地，屬於斷層海岸，且有海風，往往使茶品質受損。西部植茶較多，南部受氣候影響，較少栽種。

台中盆地可以發展出「台中茶」，形成特色，由於南投茶太有名，反而阻礙了台中茶的發展。台中氣候很好，單作價格似乎不錯。目前台中盆地多半是實驗性作物，如咖啡、煙草、小麥等風害小的作物。種茶往往要投入鉅額成本，一旦代價過高，農民往往放棄不種。

問 請問鄧教授，茶區要如何規劃比較適當？規劃時將面臨什麼困難？

答 一、一般小農的茶園面積，只有三、五公頃，擴大茶區牽涉到土地合併及農地重劃問題。在達到理想之前，如何推行第二階段農地改革？至於代耕、代管及經費問題，如何解決？雖然第二階段的農地改革，延續第一階段要好好的做，可是困難重重。

二、茶園多半零星分佈，農會、建設局及農業局都沒有對農民施予真正的輔導工作，完全是管道問題。

三、規劃試種區可能會影響茶價，如何在台灣劃出試種區使農地合併，可以劃出南投、宜蘭、苗栗、新竹、桃園等茶區，至於台北縣及花蓮坡地都不適合種茶。

問 **請您談談台省茶園變遷情形？**

答 我們可以從屏東大港口往山區推廣，不過茶價本身漲跌也影響到茶區變遷，如果價格好即使不適合種的地方也要種，完全以利益觀點來取捨。

台省的茶未必要以烏龍茶為特色，台茶卻以烏龍為特色。南投以南，溫度高，茶芽老，只能做焙火重的茶，南部有明顯乾季，而且病蟲害過多，茶葉容易受損。

目前台灣農業均以市場為導向，如果某一地方適合種什麼，而價格偏低，可能最適合的地方也成為不適合的地方，如果茶價偏低，茶園就會被果園取代。

問 **您對目前茶業的看法？**

答 一、本省茶業受人為因素影響，在產銷管道上不夠健全。凍頂茶雖具特色，價格卻不合理，這些高級茶，所謂的得獎茶，價格高達二、三萬以上，如此一來，國飲豈不失去意義？若能將三村合併，擴展茶園，消費者可以用合理的價格飲茶，不再侷限於上層階級享用。

二、茶比賽的本意，是要藉「茶比賽」的活動作為手段，提高茶葉的品質，推動飲茶的風氣，相對的卻使冠軍茶的價格提高，甚至高得離譜，令人不敢嘗試。我們一定要使茶價合理，方能普遍推行飲茶之風。

三、有些不肖茶商以其他的茶摻合在高級茶裡面，魚目

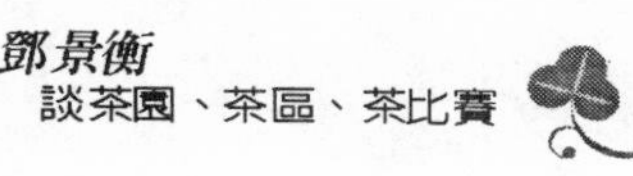

混珠，想騙不會喝茶的人，為了貪圖厚利，甚至罔顧商業道德。

四、每個茶區的地理環境都不一樣，我們可以依土壤、水質、環境等的個別差異，塑造茶區特色，製造出每一區的特色茶。

問 您的碩士論文是《南投縣土地利用的地理基礎》，能不能請您告訴我們，爲何選擇南投作爲研究對象？

答 十餘年前，我的姐夫在南投鹿嵩茶廠擔任技術管理員，我初次到南投以後，就被當地的美景吸引，那裡確實是栽培好茶的地方，所以選擇當地為研究對象，當時，魚池茶場場長謝和壽先生引導我參觀魚埔茶區之茶園，深覺該地有成為高級名茶產區之潛力，便決定探究該茶區之土地利用及考察影響該區土地利用之因素。

問 研究南投茶區以後，您有什麼心得？

答 一、我認為用不著仿效日本或大陸本地的武夷茶，應該依據該地風土，自創特色。每個茶區最好以當地名稱作為茶的名稱，如老田寮茶，這樣才具有區域特色。「福壽茶」、「松柏長青茶」、「明德茶」立意雖好，卻減低了地方性特色。

二、南投是本省唯一沒有縱貫鐵路經過的縣份，對南投而言反而成為一種福氣，由於土地價格不會飛漲，農民便會專心務農，可以說是拜交通不便之賜。南投水質頗佳，甘蔗、竹筍、茶葉、茭白筍、檳榔、甘藷等農作物都相當有特色。交通便利固然會造成地區的繁華興盛，使大量人口移入，進而使農田受到污染，農地品質下降，所以世界上沒有絕對的好壞事物。

三、目前南投擁有兩種代表茶：即凍頂茶與日月紅茶。日月紅茶是阿薩姆種，阿薩姆紅茶曾在文山地區試種，受到溫度影響，效果不佳。南投溫度較高，適合種植此茶，魚埔茶區遂成為阿薩姆紅茶的中心。

問 **在茶業地理方面，你有何研究計劃？**

答 一、茶葉適種區及特色茶的研究：

本省茶區分布均位南北向的丘陵台地，不同的茶區有不同的自然、人文因素做背景，應有不同的茶來代表，好比木柵鐵觀音，南投凍頂茶，苗栗椪風茶，坪林包種茶，這些已存在於各區之特色茶，到底是不是真的具有代表性？除了現有茶區之外，是否有很多適合的茶區尚未開發？

目前已有的茶區是否有的已因工業入侵而不適種茶？未來我特地把重點放在研究台灣茶葉的適種地及提倡發展地區性特色茶。

二、喝茶與食譜相結合：

㈠將來我想從空間的觀點，來研究每一地區的人喝茶的偏好與食譜之關係，換言之，即是喝茶與食譜如何相結合，這是地理學者可以勝任之事。

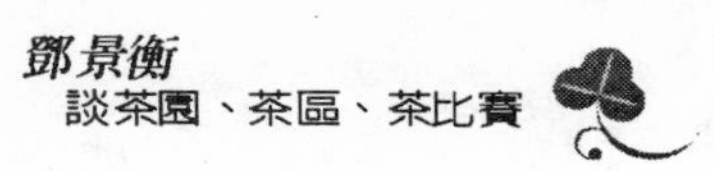

㈡不同的地理環境，即有不同的生活方式，也有不同的食物偏好，對茶葉便有不同的需求。例如喜歡清淡食物的人喜歡香味較濃的茶，像苗栗丘陵地區之客家人食物比較清淡，所以他們比較喜歡喝球茶或烏龍；喜吃油膩食物的廣東人則偏好普洱、壽眉、鐵觀音。

㈢除此之外，不同性別，不同的年齡階層，不同身份地位的人，對茶之香氣、水色、滋味之偏好也一樣，如何去掌握這些因素推銷喝茶，才能使喝茶與生活相結合。

三、茶藝館之區位探討：

區位為地理學家研究的主要專題，茶藝館的位置影響茶藝館經營的興衰成敗，好的區位選擇會使更多的顧客上門，生意興隆。目前北市有八十六家茶藝館，零散分布於市內各區。我想調查這些茶館經營好壞與區位關係，以及提供如何尋找更佳的區位的選擇。

問　您能不能談一下您的博士論文《台灣北部農業土地利用區域結構之變遷》探討的重點爲何？

答　我以地理觀點、區域概念來探討工業化在農業衰退過程中所扮演的角色，及台灣地區在工業化現階段下對北部地區農地利用之衝擊，以明白開發國家在現代化過程中農地利用之特色、類型及區域結構之變遷，指出變遷之方向、速度、過程、法則及其意義，並對當前不當的農地利用型態提出具體可行的建議與對策。

台灣地區工業化結果，使就業人口漸向工業區及都市區集中，台灣內部人口產生了持續明顯的極化現象，嚴重地妨礙了資源的合理運用。特別是台灣北部，這種現象最為明顯；它的人口成長，一直領先其他地區，加上都市擁有陣容龐大的服務部門，創造大量的就業機會，吸引農村人口移入，使農民離農又離村。農業在工業快速成長下，成了犧牲品，現階段農業所呈現的衰退現象，已嚴重的違背了民生主義所追求的區域均衡，產業均衡發展的目標。如何扭轉此種農業現象，使農業與工業得到一樣的重視與均衡發展，誠為當務之急。

要保護農業，首先需保護農業賴以生產的土地，在目前，我國雖有農地等級保護政策，惟因缺乏有效農業區域的保護措施，農區內遭受工業設廠之侵入，農地被污染，導致良田劣化；再者，農區未被有效固定，農地仍受城鎮發展影響，地價不斷上升，使得農地地租與農業利潤差距越來越大，農業生產機會成本之升高，促使農民不重視農業收益，反而期待地價上漲。農業經營無形中流於粗放及變更用途，違反了正常農業的運作。

問 **得到地理博士學位以後您有何感想？**

答 一、博士學位之獲得只是獨立研究之開始，今後有待努力之處仍多。當初投考博士班，乃受張創辦人之鼓勵，以帶職進修的方式念完學位，所以對張創辦人之栽培及提攜之恩，十分感激，也準備把自己之所學貢獻母校，以報

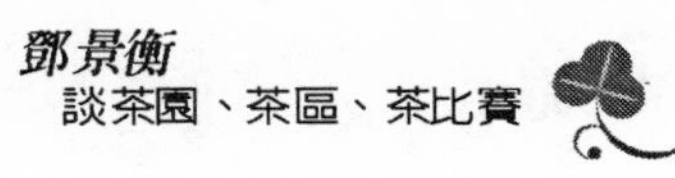

答文化大學之孕育及創辦人栽培之恩。

二、我覺得攻讀博士學位在目前台灣普遍師資、設備不足的情況下是十分艱苦的，幾乎從入學到畢業都得靠自己。整個博士教育之研究環境十分不理想，所以國內設置博士班，實在應該慎重考慮。同時，由於我國博士之學術地位及品質不高，出路亦成問題，這一點是想設置博士班的學校，以及特別是想投考博士班的同學所宜深思的。

問 **請您談談研究過程的甘苦談。**

答 由於在私校攻讀學位，政府的補助很少，博士班學生除了有少數獎學金外，一般費用都要自己負擔。同時博士班的研究生大半有家庭，無法專心念書，故在公餘之暇，從事研究工作需要有相當大之毅力與耐心，否則很難竟全功。

我自己在學校除了在地理系、經濟系、觀光系開班授課之外，還主編一份雜誌《華學月刊》，又在世界新專教授「世界地理」這門課，工作十分忙碌。

從論文的題目、構想、架構之完成以及收集資料、整理資料，到野外實際驗證，列出結論，至少花了三年時間，而問題意識之形成則長達八年之久，每一段過程都很艱苦。

提筆寫論文時，免不了要忍受寂寞與孤寂，經常為此徬徨沮喪，苦思之際，常有寫不下去的情況，又要固執的撐持下去，說得堂皇一點就是必須「自得其樂」，否則如何抒解內心之壓力與苦悶。至於甘甜的一面，就是獲得學位的成就感，與在寫作過程中，所學習來的方法與批判眼光之養成，所以撰寫博士論文最大的愉悅就是心智的成長與發現。

問 您參加茶藝協會的動機是什麼？

答 一、想藉此機會多認識一些對茶葉有偏好的人，開拓自己的知識領域。

二、希望能了解各種不同階層的人，從不同的角度來認識茶，茶藝協會可作此媒介。

三、透過茶藝協會瞭解茶藝館、茶商、茶農、茶行的狀況。

四、最原始的動機是來學習，從參與進而成長。

問 談談您對本會的期望。

答 一、能負起疏通管道之任務，使過去茶行、茶商、茶農本位主義打破，站在同一條線上生產，並且使他們獲得合理利潤。

二、代表國家，提倡「國飲」，打開茶葉銷路。

三、扮演「制衡作用」的角色，即保護消費者。對不法商人之不法行為予以嚴處；抑制茶價，使喝茶與生活結合，不再是少數人的享用品。

張再基

【怡園主人】

談寒夜客來茶當酒

張再基給人的印象是「明志」、「淡泊」、「自得其樂」的，頗有出世的襟懷。然而，他的性格是多樣性的，不僅待人熱誠，而且多才多藝，加上對於有情世界充滿了關懷，樂善好施的表現，又顯示出他具有積極入世的精神。

工商業社會，功利主義抬頭的今天，飽嘗人情冷暖之餘，能結交到張再基這樣的朋友，也是人生一大樂事。認識他已經將近兩年了，每次到他自名「怡園」的居所時，他總是拿出最好的茶讓我們品嘗，共同分享茶的甘美。在品茶時，張再基經常滔滔不絕，不厭其煩的分析茶之特色、泡茶之秘訣，訴說茶之種種，往往在尚未品嘗茶時，就已經聞到陣陣茶香，感染到友誼的溫馨，沈醉在茶葉清醇、和樂的氣氛中。這就是他主持茶園，顧客盈門的最大原因。

今年，一個暮春的早晨，從台北趕到竹南天仁茶園，訪問「怡園主人」時，外面飄著細雨，客人較少，我們一面品茶，一面談天，談他的成長過程、對茶的見解，也談到他生活的狀況以及人生觀，氣氛極為愉快，頗有意境，人生實在難得幾回有，以下是此次訪問的主要內容。

* * * * *

問 **請問張經理，您認爲在現代社會中提倡喝茶的原因是什麼？**

答 在泡茶的過程中可以暫時忘掉一切，放鬆精神，調劑身心，在這種氣氛下體會到茶中的真正富貴在那裡。

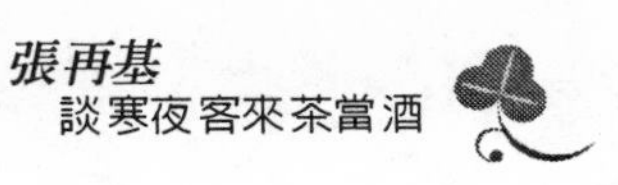

問 **喝茶的人到底有什麼與衆不同的地方？**

答 喝茶的人多半崇尚和平，不會斤斤計較，而且有博愛的襟懷。他們秉持著「有茶大家喝」的原則待客，凡是到茶友家中聚會的客人，一定可以享用主人上好的茶，品茗之後侃侃而談，發表意見。

經常到外地時，人家請我們喝茶，往往不會問起我們的名姓也不曾留下地址，只有用一聲道謝來表達對那些奉茶者的感激。喝茶的人功名利祿看得比較淡，視富貴如浮雲。茶本身是樸實無華的，不像其他的花朵有各種色彩，而茶只不過是綠色的葉子而已，但其中包含了許多奧妙。

問 **請問您對於從事茶這一行的感想？**

答 我從事這一行正好發揮我所學，因為我本身學的是教育，也當過老師，現在從事茶藝推廣工作，屬於社會教育的一部份，所以我對目前的工作非常滿意。

現在我不一定比別人有錢，但是未必有幾個人會比我更快樂！因為我從事茶業，才有機會見到上至總統、副總統以及各政府高級首長，甚至世界上有名氣的大人物。我可以目睹他們的丰采，親自接待貴賓，與他們一起喝茶，直接談話。如果不是從事這一行，怎麼會有機會和總統、副總統等人物握手交談？同時我也覺得社會已經肯定了茶這一行業，達官貴人及各地人士經常蒞臨天仁茶園，便表示社會已經認定了我們的地位。我希望自己就像一棵最好的茶，能夠帶給人們開朗、清爽、芬芳，使人間充滿和樂。

問 許多人都知道天仁茶園有一個蕭媽媽，名氣十分響亮，是不是請您談談她？

答 事實上蕭媽媽就是內人蕭秀琴，她是影響我一生的關鍵人物。

民國57年，我只是一個師範畢業的小學老師，在一家冰果店中和她相遇而認識，那年的耶誕夜我們參加聚會相談甚歡，彼此留下深刻的印象。她雖是富家千金，卻沒有一點驕氣，除了外在的美貌之外，更可貴的是她有顆善良的心。

我是清寒的農家子弟，她出身望族，由於門戶的差距，遭到她家人激烈的反對。交往期間，波折甚多，她不顧家人阻撓，仍舊對我滿懷信心、堅定不移，常常含著眼淚偷偷出來和我約會。由於我們的感情深厚，在民國58年毅然決然的訂婚，接著我入營服役，並且投考軍校，進入陸戰學校專修班進修，當時秀琴應允我的求婚，終於在民國59年結為夫妻。從軍期間，我在各地服務，為了職責必須東奔西跑，秀琴和我一塊遷徙，全心全意的做一個好妻子。

退伍後，我到天仁工作，而後受上司器重，奉命籌建規模龐大的天仁茶園。而今能有如此優美的環境，保持良好的營業狀況，不僅由於企業化的經營，更重要的是內人鼎力相助，加上我們的愛心緊密結合成偉大的力量，才有今日的規模。內人再三提醒我不要志得意滿，好高騖遠，應該以腳踏

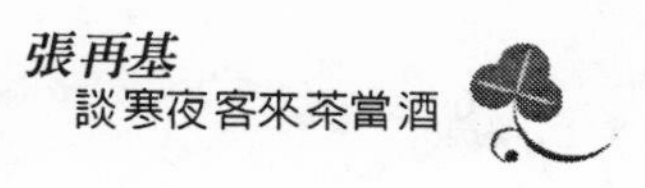

實地的態度工作，穩紮穩打，苦心經營，才能永久保持成功。如果沒有她的警惕與協助，我不可能有今天！

問　結婚十多年來，您有什麼感想？

答　我認為婚姻有如細水長流，涓涓不息。婚前的種種波折，使我們格外珍惜目前擁有的幸福！當我服務軍中時，她不斷的鼓勵我、支持我；在天仁工作的期間，她仍然關心我、照顧我。正因為兩個人相互提攜、互相慰藉、彼此包容，造就了美滿的婚姻。我們工作在一起、生活在一起，和子女們共享天倫之樂。我很滿意我的婚姻生活，也祝福天下有情人都成眷屬，白頭偕老。

問　您覺得婚姻幸福與否和喝茶有關聯嗎？

答　我的答案是肯定的，茶是中國五千年文化薰陶出來的國飲，能留傳至今必然有它的道理。我認為太太小姐們，都可以學一學泡茶的手藝，只要經濟條件許可，應該多買些好茶，讓先生養成喝好茶的習慣，而且是他喜歡的口味，他習慣的種類，在外面不容易找到，自然會天天回家，享受太太為他沖泡的好茶。講究喝茶的家庭，多半充滿和諧歡愉的氣氛，所謂「有茶之家何其美」，就是這個道理。為了增進家庭生活的美滿，最好經常喝茶。再說喝茶對健康有益處，何樂而不為呢？

問 請問張經理有幾個孩子？對於他們有什麼期望？

答 我有兩個女兒、一個兒子。他們不一定要名列前茅，只希望他們能做個誠實聽話的乖孩子，同時也培養他們唱歌、拉小提琴、寫毛筆字、畫圖等多方面的興趣，增加生活的樂趣。

問 軍中七年，您認為有何收穫？

答 軍中七年，在陸戰隊司令部參謀作業上，我學到了許多處理事情的方法，也見到很多的大場面，使我在待人處事與談吐上獲益良多。軍中生活的磨練，使我將參謀作業的方法，運用在受命興建「天仁茶園」的規劃、設計與施工上，獲得意想不到的效果。

問 請問張經理喝茶和人生有什麼關係？

答 喝茶與修養人生有很密切的關係，有積極和肯定的效果。品茗時能使一個人全神貫注，在泡茶的過程中同時也可以把茶的精神和自己的精神連結在一起，茶的靈性薰陶人的靈性，孕育出豁達開朗淡泊的人生。

茶樹多半生長在山明水秀、地理環境幽雅的地方，一年三百六十五天接取天地靈氣，日月的光華，自然培養出浩然之氣。從表面上看，茶樹與其他植物十分相似，並沒有什麼特別，也沒有華麗的外表，但是它卻有深厚的內涵，所以茶有一種大智若愚的精神，必須要深具慧眼的人，才懂得它的精神和靈氣，慢慢的接近茶。人們可以和茶建立友誼和感情，有如君子之交，泛起淡淡的清香，卻讓人永遠的懷念。如同杜小山的詩句：「寒夜客來茶當酒，竹爐湯沸火初紅，尋常一樣窗前月，才有梅花便不同。」從這首小詩裡可以體會喝茶的意境，以及人與人之間的默契知音。

所以茶並非只有用眼睛看，還要用心去體會，去想，去思考。所以很多人談到茶，就只懂得批評茶，挑剔茶，盲目的要求茶應該這麼做或應該那樣做，完全忽略了茶是具有深厚內涵的東西，應該慢慢的欣賞它。一再挑剔它的人只有顯露出自己的淺薄而已。茶已經結合了天地人三才，因此一個真正懂茶的人，也是一個具有深度內涵的人，而喝茶的朋友也同意：「我醉欲眠卿且去，明朝有意帶茶來。」這種爽快豁達的境界，正是茶友們的心聲。

問 照張經理這麼說，喝茶是一個十全十美的事了，難道喝茶就沒有什麼缺點嗎？

答 當然喝茶也不能說是毫無顧忌，任何事如不能恰到好處，就會有缺點，喝茶也是同樣的道理。如果不懂得適量的喝茶或選擇適合個人體質的茶來喝，往往會造成不良的影響。例如有一次我一整天都在喝茶，由於過量的喝茶，曾經有雙手發抖的經驗。如果是在睡前喝清香類的茶，也可能在上床後的一、兩小時內有睡不著的現象，其他可能就因人而異了。

問 **請問張經理如何享受一杯茶？**

欣賞的條件，要注意所謂前氣後韻。

答 一、香氣

香氣在鼻腔就可以感覺，喝完茶後杯底留香，滿口芬芳，令人回味無窮。

二、喉韻

茶喝下去以後有勁，喝完茶後杯底留香。

問 **如何鑑別茶的好壞？**

答 一、試飲最重要，好茶喝起來沒有苦澀味，甘香能留得很久，令人感到清爽，就是好茶。然後看它的湯色，各種茶有各種茶的湯色。

二、就茶葉乾燥的外形來說，色澤要光亮，而且要有綠油油的感覺。看它的條形細膩整齊，由此可知採收時非常小心，揉捻時下了很大的功夫。

同時也要注意喝茶時的氣氛，有時在吃過大蒜或喝酒之後，或在不同的心情，不一樣的情調下都會影響你鑑定茶的品質。

問 **那麼如何泡好一杯茶呢？**

答 選擇了好茶以後：

一、要注意泡茶的技術（也就是方法）。

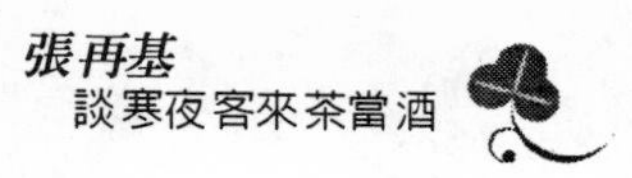

二、水質。

三、選擇壺。

四、容量要適當。

五、泡茶時間要恰當。

問 **茶價是怎麼定出來的？**

答 茶的定價是比較出來的，茶行的定價依市面上行情來決定，無固定標準。農產品的價格往往隨天氣、產量、季節而變動。

問 **請問張經理爲何要鼓勵人喝茶？**

答 追求健康是人生最重要的事。吃藥雖然能使身體恢復健康，但總是會有副作用，不容易被人接受。中醫有一種說法「見青就是藥」，茶葉是綠色的植物，天然保健的飲料，同樣能維護健康，何不推廣喝茶？

問 **您的血型是什麼呢？**

答 A型。

問 **在做人處事方面，您遵循什麼原則？**

答 對目前擁有的一切我時時懷著「感恩」的心情，我認為我應回報社會，待人以誠，多體諒別人，多幫助別人，以宗教家、傳教士的「犧牲奉獻」，做為我立身處事的原則。

戴清村

【陶藝設計家】

談台灣壺藝發展史

戴老師是國內目前真正站在美學與實用立場從事茶具設計和製造的專家。他在師範學校主修的是「美工」，在國立藝專時又專攻「產品設計」，因此，奠定了他茶具設計的深厚基礎，他所主持的「唐盛陶藝」業已被茶藝界所肯定。

他不僅在台灣開茶具製作之先河，而且，在十幾年前，就已經默默的在探討茶藝。現代茶具廣受大眾重視，品質、造形的講究和提昇，不能不說戴清村是功勞者之一。

在一般人的印象中，戴老師一向是留著鬍子賣茶具的藝術家。今天，讓我們來看看他為什麼在琳瑯滿目的產品設計中，最後選擇了茶具，還有對台灣茶壺的演變有什麼看法。

* * * * *

問 首先請戴老師爲「壺藝」下一定義，究竟怎樣才能稱爲「壺藝」？

答 事實上「壺藝」兩字很難下定義。自古以來，「壺」未必與茶有關。古代宮廷內的「投壺」遊戲，軍人腰間佩帶的「水壺」，喝酒用的「酒壺」，專供年老體弱之人使用的「夜壺」都是壺，但都和茶無關。唐宋時代，一種樣子像瓶而有流和耳的茶具，不叫「壺」，卻叫：「注春」，不泡茶卻用來注水，都是實例。

目前茶藝漸漸蓬勃發展，對茶壺的重視也日盛一日，所謂「壺藝」，一方面說明茶壺在茶藝中的地位和重要性，一方面也表示出茶壺製作技術，顯然有了相當的水準，在台灣「壺藝」兩字最近才被提出來談論，其實明清時代，茶壺製

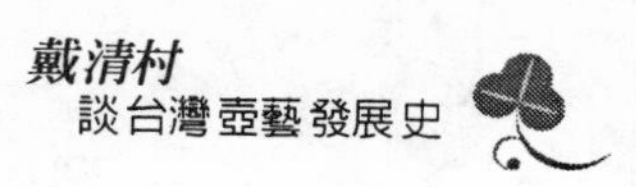

作技術已臻化境，早就被墨客騷人譽為「壺藝」了。

最通俗的看法，認為「藝」必須要好看，這個要求固然不錯，但是怎樣才是好看？卻很難說。茶壺的形式，有的的確很好看，人見人愛，可是光好看是不夠的，必須要好用。研究藝術的人聽到這句話，必然大搖其頭，因為藝術和實用是不發生關聯的，壺藝卻必須要在功能上計較。製作的方法和技巧也是鑑賞的條件之一，另外還有一點極為重要的條件，那就是「質感」，質感來自原料的選擇和陶煉，是所有製作技術的總表達。

因此「壺藝」和別的藝術品一樣，也不是可以用價錢來衡量的。有眼光有機緣的人比較有機會獲得。

問 **在中國古代比較重視瓷器還是陶器？**

答 中國古代對瓷十分重視，瓷是十分精細的一種藝術，士大夫多半追求精緻的美，政府設官燒瓷，號稱「官窯」。「官窯」裡面，任何東西都包容在內，主要供給內廷使用，皇帝高興起來也賞賜給有功的大臣。陶製品卻不在官窯名列之中。

問 **宜興壺從何時開始推展？**

答 自明朝中葉開始，迄今也有四、五百年的歷史。漫長的時間內，名家非常多，各家別出心裁，發展出很多的藝術形態，一些有智慧的人，深入觀察分析陶壺與茶之微妙關係，認為任何其他材質的壺都無法和它媲美。我們有數不盡的陶壺，有紅、黃、綠等各種色彩，真是美不勝收。我們可以去做，去參考宜興壺藝，藉此啟發今日壺藝發展的動向。

問 **請教戴老師，除了閩粵一帶，其他地區有沒有用壺？**

答 其他地區有大壺或瓷壺，閩粵一帶偏向小陶壺，只是一種習慣上的偏愛。

問 **壺與茶是何時結合在一起的？**

答 把茶葉放在茶壺中用水沖泡，便是茶與壺結合的開端。按照功能和需求的程序，應該先有茶葉次有茶壺。因此「茶葉」的製作發明之後，不久即有茶壺出現，是可信的。

問 **請您說明茶壺的簡單演變歷史。**

答 景德鎮的瓷質茶壺變化比較小，它隨著製瓷技術演變。在金沙寺僧之前，一定有壺。考據文章有提到北宋時即有壺的存在，元朝的詩詞也留下了有關紅色茶壺的記載。起初，金沙寺僧人、龔春、四大家等製作的壺以中壺為主，從製造的角度來看，它比較好做，製作上容易掌握，泥團大、體積也大。

我們只針對可見的史料來說，最早的茶壺比現在的大，

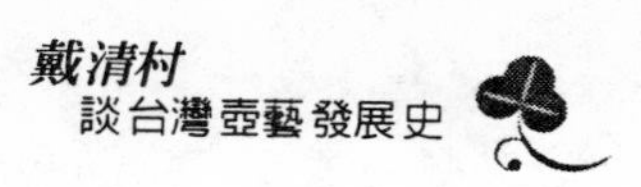

原因是一、當時喝茶的習慣用大杯（或碗）二、大（二百至四百立方公分）壺在製作上比較容易掌握。後來才有小壺出現。小壺的出現，應該和製茶技術及品茗觀念有關，當然和製壺技術的進步也有關係。

在茶壺的胎質和形態上，也有明顯的不同。開始時純由手工慢慢捏製，胎土中的礫粒不必祛除。形式上可以有較多的變化，例如自然形、筋紋形。後來製作上為了達到大量的目的，開始使用模型製作，胎土中的礫粒變小甚至不用，形式上也漸趨外形的簡單。由於外形簡單，留下太多的空間，因此又以書畫雕刻之美以彌補之。

現在的製壺技術普遍不如古代。在胎質上先輸一籌，製作方法和技術，粗鄙不堪，形式上沒有創意。台灣製壺業似有承繼古風的意思。

起初製壺較為粗糙，往往依據需要而製作，著重實用的功能，直到製作技術慢慢純熟，繼續不斷的發展以後，自然趨向精美。

我看過一本書提到有幾個朋友在一起喝茶，每人喜愛的茶不同，有人愛清茶、有人愛熟茶、有人喜歡普洱茶，個人喝個人的何必勉強呢？於是才有小壺的出現，每人依自己喜好喝茶，這種說法也可以接受。

茶葉從團茶到散茶，製作技術越來越好，風味變化越來越多，層次越來越深，價格越來越貴。茶葉本身的進步，促使壺製的技術日臻純熟。

問 **小壺的優點是什麼？**

答 容積在40至80之間的小壺，最能發揮品茗的情趣。理由可概述如下：

一、人少（只有一至三人）品茗，使用小壺可以低酌淺啜而意趣風雅。

二、茶之「香」與「味」必須達到飽和點，才能達到品茗的最高意境，小壺最能稱職。

三、品茗是以精神的滿足為主的活動，故物體的大小並不計較，若器物小巧而可愛，更能滿足心理的要求。而小壺正是這樣的一件東西。

問 **假如我們用比較大的壺是否能泡出與小壺風味一樣的茶呢？**

答 當然有此可能，不過必須加重茶葉的份量。如果只有二、三人品茗，而以大壺泡茶，將有兩種現象發生，第一是喝不完，成為浪費；第二是勉強喝完，成為牛飲。小壺能滿足一～三人品茗之樂，以很少的代價得到最大的享受。

問 **請您以地區來分析中國人用壺的狀況？**

答 陶製小壺以閩、粵二省專用，地區性很少，比如小壺產地，宜興反而並不使用，其他地方大同小異。使用大壺，講究的還做了茶窠來保溫，喝時拿在手上嘴對壺嘴喝

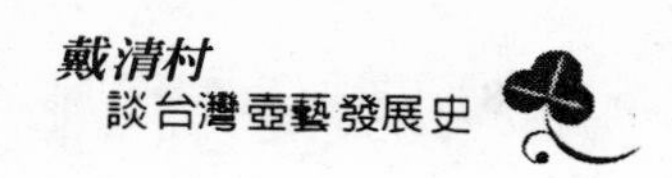

茶，不但可以解渴，且有暖手作用。塞北喝好茶便完全不像上面說的一樣了，而是大杯或碗大口喝的。

目前品茗方式不太普遍，福建老人茶及廣東工夫茶轉移到此地發展。所謂「工夫」——是指沒有時間來泡茶，所謂「功夫」——指的是泡茶技巧。不管是「功夫」、「工夫」都說得通，實際上品茗即可包括一切，畢竟品茗不僅需要時間也需要技術。

問 **請您談談台灣壺藝的發展史。**

答 台灣的茶壺製作很可能是南投開始的，該地不僅是著名的茶區，南投土地適合製壺。

大約在八十年前有一個年輕人看到那邊種了很多茶，茶具卻要從大陸上以船舶載到台灣，往返費時。當他把腳踩在泥地上時，忽然想到何不以種茶地的泥巴來製壺，於是回到故鄉學習製作壺藝，返台灣在草屯製壺，壺底蓋章「東陽出品」。

這種壺與宜興壺大不相同，用的是拉坯成型法，可見製作技術源自閩、粵。不過不如閩、粵的製作技術純熟。胎體較厚，顯得十分笨重，有一缺點是在急冷急熱的狀況下，容易破裂。

苗栗也有人嘗試製壺，可惜沒有發展出來。鶯歌做的也不太多，在十三至十五年前又開始製造，近幾年來更加興盛，製造廠商未必限於專業茶壺工廠。專業茶壺工廠多半利用「石膏模」鑄漿方式製作。

問 **專業製壺工廠集中何地？**

答 專業製壺工廠多半集中於鶯歌。

數十年前，鶯歌是煤炭產地，地處窮鄉僻壤，泥土可以隨便挖，有現成煤炭當作燃料，很自然的成為陶瓷廠的中心，從粗具規模到慢慢發展，似乎是順理成章的事。

問 **台灣製壺的方法有那些？如何識別？**

答 台灣製壺法有拉坯成型法與鑄漿成型法。辨別法如下：

一、拉坯成型法：

我們假設推想，如果有一把壺從中間剖開，一切為二，觀察其切斷面，厚度並不均勻。有一定的波浪紋，看起來很像並列的手指。

二、鑄漿成型法：

每一處的厚度都相同，裡面十分光滑。我們可以用手摸或用眼睛看外表來鑑定。

鑑定壺的方式未必百分之百精確，有工廠在鑄漿成形的壺胎將乾未乾時加工刮削，使外表看來像手工製造的，藉以抬高身價，判斷起來就比較困難。

問 **宜興製壺的方法是什麼？如何鑑識？**

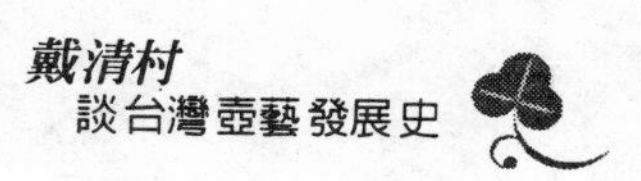

答 一、宜興壺以擋坯鑲接法來製作，由茶壺內部可以看出接縫。

二、壺內部的胎面不平滑，外表平滑，但是可以看見細小的砂礫組成，是宜興壺獨具的特色。

問 台灣茶具何時開始蓬勃發展？台製茶壺可不可以慢慢推廣到全省？

答 最初本省由北至南都是「東陽出品」的天下。民國59年，製壺工廠數不多。有的一人一廠，有的三、四人一廠，慘澹經營，並未造成氣候。

民國69年3月，唐盛陶藝廠成立，使喝茶、買壺、藏壺者刮目相看，對鶯歌製茶具的工廠產生很大的刺激。成立三年以來，鶯歌製造技術也不斷的研究改進，希望能趕上唐盛。製造業者有競爭心求進步，實在是好現象，由於唐盛廠的出現，帶動了茶具製作技術的進步，對社會也有好處。我們與鶯歌同行，一向保持良好的關係，他們想超越我們的鬥志，使我們非常佩服。唯一遺憾的是，有人搶先登記我們「唐記」的商標，使我們不得不以「唐盛」公司本名鈐印。

由於大家都漸漸知道喝茶的好處，也有拋棄咖啡改喝茶的傾向，茶壺的需要量將大為增加之外，喜歡茶壺藝術也漸漸形成風尚，對製造技術也將要求更高。只要供需雙方都保持很高的熱忱。普遍推廣到全省每一個角落是早晚的事。

問 貴公司以何種態度來製壺？

答 我們以認真的態度來從事我們的工作。由胎土的調配，式樣的設計，製作方法的不斷演練，生產技術的不斷更新，使我們的作品水準，在短短的四年當中，趕上宜興五百年的傳統歷史。我們用自己的成就來證明自己的努力，用別人對我們的讚譽和支持來鼓勵自己百尺竿頭更進一步。

問 **台灣壺的展望如何？**

答 壺的存在價值以茶為依皈。與其說壺的展望，不如說是茶藝的展望。我覺得台灣發展茶藝在地理上非常有利，不過，有很多細節問題，仍然需要政府的關注和輔導。

問 **玩壺之風日盛，請教戴老師對此事的看法？**

答 一、玩賞茶壺可以當作一種嗜好，有如外國人玩藝術品。生活水準提高，物質豐裕之餘，追求精神生活的享受是很自然的事。所以音樂、舞蹈、美術、雕刻等都有人喜愛。

二、搜集壺、玩賞壺的人多半是愛喝茶的人，偶而也有不喝茶的人有此嗜好。茶藝是很好的藝術形態，以玩壺作為嗜好是相當好的選擇。有興趣的朋友可以和家人一起享受玩賞壺的樂趣，與家人共同品茗，不但享受天倫之樂又能在玩賞之餘，體認作壺人情感心靈及創作的心路歷程，而產生心靈交會，不僅使生活本質更具內涵，且能使精神領域有所發

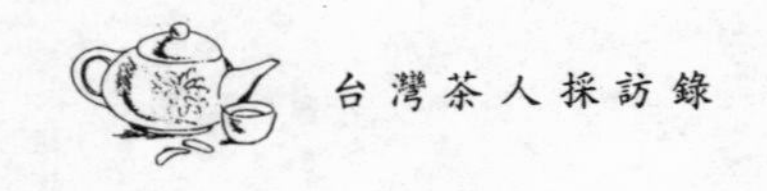

揮，所以玩壺值得提倡。

三、壺和一幅畫一樣，藝術價值的增值也不小，有時一把壺值好幾萬，從世俗的眼光看，玩壺也是一種投資，具有經濟效益。

問 我們應如何以最簡單的方法鑑別壺的好壞？

答 一、好用：好拿好倒，出水快，最好能在15秒之內把水倒完。

二、好看：式樣比例勻稱，自己看來滿意。

三、質感：比重大有堅硬感的好。

問 何謂養壺？

答 新壺使用前的處理，每次品茗結束後茶壺的處理，和平時把玩摩娑過程，通稱為養壺。

新壺使用前，先按照泡茶方法沖泡，但茶湯並不倒出飲用。而暫時擱置一夜至兩夜。然後倒出沖洗乾淨備用，是新壺的養法。這樣作的用意，在祛除新壺的土腥味，新壺沒有土腥味當然就不必這樣費事。

每次品茗結束後，即時將茶渣清除，外表擦拭，倒置使乾，以備下次再用，是第二種養法。如果茶渣不即時清除，蓋上壺蓋只擦拭外表以備下次再用亦可。但這種處理法，只適合經常品茗的情況，因為等待下次使用的時間太久，壺中茶渣容易生霉發出異味。茶渣祛除後是否要清洗茶壺內部？

可以不洗，也可以用開水燙過，但不可使用清潔劑，以免吸入胎體中。

平時把玩，可以準備乾淨毛巾，通體擦拭，用手直接擦拭亦可，擦拭日久色澤自然光美。

養壺最好的方法，就是常泡茶常擦拭。茶湯中的微粒分子自然大量進入胎體的氣孔中，水分乾燥後微粒子便殘留在胎體內外，累積成深棕色的茶鏽（垢），有人以這種茶鏽為美。我認為把外層的茶鏽擦掉，只留下胎體內的微粒，這些微粒一方面增加胎體的色澤，一方面填滿胎體表層的氣孔。因其有膠質，一經擦拭容易產生光澤。

為了提早得到養壺的成果，只有將泡茶和擦拭的時間密集一途。更有效的方法是，泡一次濃茶，不斷將茶湯塗抹在壺的外表，烘乾再抹，不斷重覆。使用這種方法，將使你大感滿意。最可貴的是絕無副作用和後遺症。

問 茶具包含那些？

答 狹義的定義：第一是茶壺、第二是茶杯。廣義言之，則包括茶壺、茶杯、燒開水的壺、茶荷、茶倉、筷、水承、滌方、茶海、茶杯托及振布等等。

問 燒開水的壺以什麼材質最佳？

答 不鏽鋼及鋁製水壺，往往有金屬味道。事實上陶壺是最理想的，雖然在技術上面臨的困難較大，但是終究

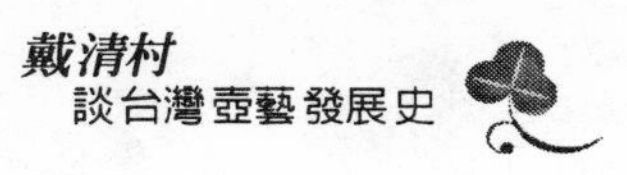

會研究成功。

問 **「茶荷」、「茶倉」有何作用？**

答 「茶荷」是放置茶葉的小器皿，經由它把茶葉倒入壺中。我們可以把茶葉倒在茶荷裡，能看到茶葉的形狀，也知道份量的多寡，如果份量太多也可以趕回茶倉。

「茶倉」是暫時貯放茶的罐子，蓋子緊密，古時陶製居多，現在多半是馬口鐵罐，有特別的味道，功能上不如陶罐。

問 **當我們燒開水時，到底要用電？瓦斯？還是木炭呢？**

答 這是各有千秋的事，忙碌的人可使用電壺，迅速而乾淨，瓦斯燒在設備上最方便。用風爐燒木炭仍有它的風味和情趣，人們可以自由選擇。

問 **請戴老師談談對泡茶方法的意見？**

答 目前一般泡茶方法已有相當高的水準，社會組織層面多，泡茶的方式各自不同，也無可厚非。但要講究到「藝」的境界，不得不用心推敲。茲舉幾個泡茶小節來討論：

一、第一泡水丟棄，理由是不乾淨。其實茶並不髒，而第一泡最能滿足嗅覺的享受，也最能說明這泡茶的特殊風格。可以讓第一泡水沖下時產生的泡沫流出壺口外，泡沫實際就是塵埃與不潔物，所以不須將整壺茶水倒掉。

二、水承（俗稱茶船）內置水，理由是為茶壺保溫。其實水承內的水冷卻比茶壺快，較低溫的水較較高溫的物體，只能吸熱，不能給予保溫。

三、在水承內洗杯，尤其把數位客人茶杯彙收起來同放在水承內洗滌的作用，沒有必要，更不衛生。

四、茶壺在水承邊緣上繞行擦底，其目的在擦掉圈足上的水，既聒躁又損害器皿，水承內不置水自然可省此動作。

問 **唐盛壺到目前爲止有幾種形式？那種形式最被大衆接受？**

答 我們一共大約有五十種形式。

水滴的銷售量最佳。「我愛西施」造型特殊，頗受歡迎。它的特色是短嘴、豐滿、倒把、做工細緻。

問 **替壺取名，是否由唐盛開始？**

答 並非由唐盛開始，如「宜興壺」早已有取名的事實，它們的壺在造型、名稱、形式上都是固定的。

我們替壺命名的用意，是把每一件作品當做自己的孩子來看待，所以替他們取了不同的名字。

問 **請您談談您自己？**

答 我今年四十五歲，是台灣新竹人，已婚，有四個孩子，血型B型，身高一七〇公分，體重六十二公斤。

我早年畢業於台北師範學校美術科，教過書，而後在藝專產品設計科畢業，從事各種手工藝的設計製作。目前經營唐盛陶藝公司，並設唐盛藝苑，包括陶藝、國畫、茶藝（茶藝免費）等課程。

問 您當初爲何選擇「製壺」這一行業？

答 我本身學的是產品設計，所以任何材料、任何品目都可以與我發生直接的關係，過去我曾從事手工編織、機器編織、高腳玻璃杯、陶製咖啡具製作等等。

民國50年，我開始學習陶瓷，在十二年前我的工作是製作咖啡具，那時興起一個念頭，到底要做什麼才能成為一種有利的事業.？陶土是取之不盡，用之不竭的，精緻的東西往往需要高度技巧和智慧才能完成，對我很富挑戰性，當時並沒有立刻去做，發展到技術差不多時才公諸於世。

我認為台灣在製造茶壺的原料並不亞於宜興，如何調配與活用才是最重要的，大家願意以高價購買小而精緻有藝術價值的壺。在主觀、客觀條件都已臻成熟的情況下，再加上時勢的擁促我很容易的就走上製壺的路子了。我願意把自己的成品和將要做的東西回饋社會。

陳漢東

【中華茶藝獎冠軍】

談中華茶藝獎選拔賽

△圖中前排左二為陳漢東

山明水秀的南投，是陳漢東先生成長的地方。上有父母，下有弟妹，共享天倫，其樂融融。在台中高工完成學業後，北上到台北工專進修，攻讀電子工程，服役期間，擔任海軍通訊電子學校的教官。民國65年退伍後，在ITT（國際電話電報公司）任職。

退伍後，受到表哥天仁公司經理陳坤瑩的影響，慢慢吸收茶藝知識，經常到衡陽路26號的店裡去喝茶，不久，該店遷至62號，場地更寬敞，接觸茶的機會更多，認識不少茶友，品茗之餘，時常研讀茶書，瞭解茶的奧秘，對茶的喜好與日俱增，71年度榮獲「中華茶藝選拔賽」的冠軍。我們特別訪問這位年輕有為，現在服務於外商機關，卻熱心茶藝的陳漢東。

*　*　*　*　*

問　請問您對喝茶有何感想？

答　在下班後，利用閒暇沏茶，可以消除疲憊，調劑身心，有益健康。喝茶不僅對消化系統有幫助，也能消除脂肪，同時也可以提神，具有實際的功能。根據科學分析，茶含有維他命。

問　您認為目前泡茶的方式有什麼需要改進的地方？

答　現在泡的工夫茶，幾乎和清代一樣，不過，在製茶技術上比較講究衛生，改良式茶具，也能符合現代社會的需求。像水盤、電壺等等，都是改良式的茶具，大家對此種產品看法未必相同，然而製茶技術必須隨著生活的演變而改進，至於用具是否恰當，往往因場合而異，不能以偏概全。

問 **您在外國公司任職，那麼外國朋友能否接受中國人泡茶的方式？**

答 科技發達的國家，凡事講求新速實簡。小壺泡法對他們而言比較麻煩，如果能使泡茶技巧更為簡便，並且去除「渣」的困擾，他們可能會比較容易接受。

問 **您是首屆茶藝獎的冠軍，對於民國72年的比賽，有何看法？**

答 本年的評分標準分為六項，是很好的作法。不過，有幾點美中不足的地方，列舉如下：

一、茶藝問答，採用現問現答的方式，標準不一，不妨以試卷作答，改用筆試，比較公平。

二、評審分為二段，前段負責茶湯評審，後段負責儀態，他們坐在後面，只能看到與賽者的背面而非正面，儀態評審應該坐在前段，比較理想。

三、籌備期間太匆促，至少應籌備半年以上較為嚴密，且要花三個月的時間來準備。

四、與賽者的服裝不如第一次整齊講究，中區代表似乎忽略了服裝的搭配。

五、在泡茶動作上可以擬定一個大綱，細節上可以靈活

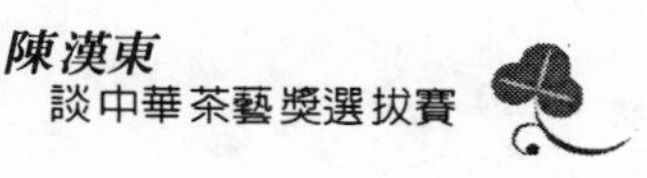

運用。

問 **茶藝獎比賽是否要男女分開？**

答 因為茶藝是老少咸宜的藝術，我認為不論男女都適合泡茶，用不著分開。

問 **您認為「中華茶藝獎」選拔是否值得擴大舉辦？**

答 這是很好的方式，也是推廣茶藝的有效方法。

問 **您對下次「中華茶藝獎」選拔有何建議？**

答 一、分區比賽仍有必要，然而在程序上必須按照決賽標準，擬定評審原則，俾便遵循，否則可能流於主觀。

二、參與比賽的年齡限制應放寬，從十八到四十五歲的人都可以參加，喚起大眾對茶藝的關切。

陳慈玉

【日本東京大學博士】

談中國近代茶業史

我國第一位獲得日本東京大學史學博士的陳慈玉小姐，不僅謙虛、親切，更充滿智慧，更難能可貴的是：陳小姐的碩士、博士論文都以茶為主題，探討近代中國茶業的發展與世界市場，為我國茶業界奠定可循的方向，以史為鑑，不致重蹈覆轍。

我們經過約定，於12月22日上午9時34分抵達南港中央研究院陳博士的研究室，採訪陳慈玉小姐。

* * * * *

問 **首先請陳博士談談研究茶業史之緣由？**

答 我從台大歷史系畢業後，赴日攻讀經濟史。我們都知道，十九世紀時，中國外銷產品以茶、生絲為首，為了研究近代中國貿易史，決定從茶業著手。

問 **您在日本深造時，碩士及博士論文探討的主題是什麼？**

答 我的碩士論文談的是《福建茶的生產和貿易結構》，博士論文探討《近代中國茶業的發展與世界市場》。

問 **在您著手研究中國近代茶業史時，有沒有顧及到台灣的茶業史呢？**

答 因為二者有連帶關係，在我的博士論文中也曾提到十九世紀末期，台茶外銷的事。

1866年後，台茶開始成為對外貿易之商品，經由廈門輸往美、澳和東南亞。精心製造茶葉的結果，使輸出量逐漸增加。

問 **能不能請您以歷史學者的觀點，來看茶業未來的前途。**

答 這是一個很大的題目，我不能妄加推斷。

茶葉是農產品，也是經濟作物，比較容易發展，對人民生活幫助很大，如果能突破重重難關，強化外銷的途徑，將來的發展也許很可觀。

問 **請教您在研究中國近代茶業史時，偏重那一時期？當時茶葉外銷狀況，可否請陳博士作一說明？**

答 我研究的範圍以清代為主，很少探討民初的事。

清代茶葉是經由通商口岸來輸出，當時茶農、茶莊、茶棧、洋行之間，關係至為密切。

外商掌握外銷實權，他們以預先貸款的方式，作為對付茶棧的手段，以便取得下一季的茶。外商有決定性的影響力，與現代貿易結構截然不同。

問 **那麼，請教陳博士當時「茶棧」，「茶農」需要資金的原因是什麼？**

答 對大多數的茶農而言，茶葉只是副業而已，所以他們在僱人做事及購買肥料時，都需要大批金錢來周轉。

「茶棧」屬中間商，本身資金不夠雄厚，他們購買茶葉向洋行兜售時，也需要使用錢。

問 **請您分析一下，「茶棧」所扮演的角色？**

答 茶棧由買辦們經營，有人稱他們為中西接觸之橋梁，由於他們對中國本身的行情，以及外商的事務，都比一般人瞭解，可以進行溝通的工作。當時幣制尚未統一，除了錢幣、銀幣外，尚有外國銀行的鈔票，錢莊的莊票，幣制紊亂，交易容易產生障礙，熟悉貨幣行情的買辦，正好給他們帶來方便。

問 **清代茶葉外銷有何弊端？**

答 中國缺乏主導權是最大的弊端。外銷往往由外商掌握，他們在上海、福州、漢口等地購買茶，公司的訂單，往往與上期茶的存貨以及公司的決策有關，而且一次不止送一批茶出口，經由外國市場評價後，再決定如何購買下一批茶，外商掌握實權、佔盡優勢。

問 **當時日本茶業外銷的情況如何？**

答 明治維新後，原由外商控制日茶之外銷市場，起初外商自己製茶，在租界建廠進行交易，情形和中國相似。而後，日人決定以「直輸出」（即直接輸出）的方式來經營，他們自設商社，並在紐約、舊金山等各大城市設立分行，自己從事買賣，在這方面他們比我們成功。

問 **能不能請您談談二十世紀時，美國茶葉輸入的狀況？**

答 十九世紀末、二十世紀初期，美國輸入的綠茶、烏龍茶都是中國人的天下，不久之後，台灣、日本取代原有的市場，印度也占了一席之地，不過印度是英國的殖民地，情況比較特殊。

問 **請教陳博士，清代茶業貿易之特色？**

答 英人愛喝紅茶，蔚為風氣以後，喝茶人口一天比一天增加，需要量大，便想從中國大量進口茶葉。鴉片戰爭以前，當時廣州是清代對外貿易之唯一港口，清廷想藉機以茶來制服英國，只准英人從廣州輸出紅茶。除了正常輸入的紅茶外，法國也走私輸入了一些茶至英國，原因是一個港口不能滿足英人的需求量，導致走私茶的數量多於正式茶，影響到合法商人之利益。故鴉片戰爭後，英國力爭開放福州為通商口岸，但最初福州之茶貿易寂寥，後來由於太平天國戰亂影響，廣州輸出受阻，福州取而代之。

英國、印度、中國形成三角貿易。英國棉布輸往印度，印度輸出鴉片至中國，中國把茶輸出至英國，此種相互交易的方式，可說是貿易均衡的手段。

問 **請您解釋一下，何謂「歸正法」？**

答 「歸正法」是日人的翻譯，我個人把它譯成「減稅法」（Commutation Act）。

1768至1784年間，英國茶稅逐年增加，後來為了使正

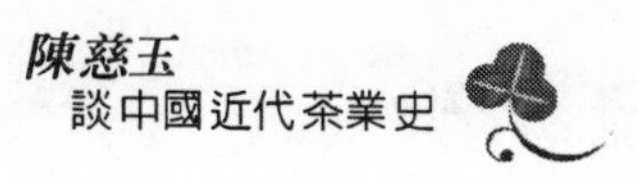

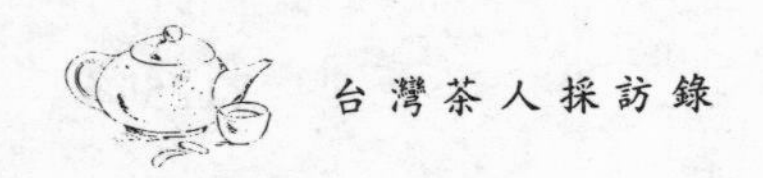

規茶的貿易量遞增，以便抑制走私茶，降低茶價，賦予英國東印度公司與其他歐陸諸國東印度公司的競爭能力，在1784年實行減稅法，把125%茶稅減為120%，使英國東印度公司蒙受其利。

問 「減稅法」實施後，對中國茶之貿易有何影響？

答 英國降低茶稅後，使得中國茶葉外銷英國的數量增加了很多。

問 英國東印度公司造成什麼樣的震憾？

答 英國東印度公司，在英國擁有茶業獨占之特權，大宗採購，多半由倫敦大商人控制，將茶葉運往倫敦拍賣，茶價極昂，小地方的商人無法得到價廉物美的茶，便醞釀取消東印度公司的獨占特權；在1834年終於停止東印度公司的獨占，使其他洋行得以興起，例如崛起於蘇格蘭的怡和洋行也能參與茶葉市場競爭，減低英本國內的茶價。

另一方面，當時中國的貿易由廣州十三洋行所壟斷，而主要貿易對象是英國，其他國家對茶葉的需求量並不大。故在英東印度公司積極從事茶貿易時，歐洲最早出現的荷蘭東印度公司轉而向非洲、中南美洲間開拓新的市場。

問 中國茶外銷量降低的原因是什麼？

答 英國取消東印度公司獨占權後，與美國一樣，採取自由貿易，英、美兩國相繼到中國採購茶葉。不久，俄國三大貿易商，也到中國從事茶葉買賣。三國爭購的結果，使茶價上揚。於是，茶農、茶商拚命產茶，求量不求質，造成茶葉品質下降，運到國外後，又容易變質，貿易商因而虧損，只有設法到別處尋找物美價廉的茶。

印度由英商掌握，發展成紅茶；英美兩國又在日本發展綠茶，起初日本純由外商製造適合外國人口味的茶，而後日本人主動推廣、宣傳日本茶，促銷成功，加上在國外自設商社，使貿易進行更順利。

二十世紀的中國茶逐漸式微，大量生產的茶葉，乏人問津，茶葉外銷量減少，生產過剩的結果使價格急降，農人紛紛廢棄茶山，這種情形與近年芒果過剩時，倒入溪流的情況類似。

問 **您認爲茶業貿易應如何進行？**

答 除了強化貿易機構以外，也要運用貿易的策略，作為商場競爭的手段。

問 **過去台茶如何輸出？**

答 外國洋行有人喝了台茶以後，覺得滋味不錯，開始試銷美國，烏龍茶獲得很高的評價，輸出量增加，經由淡水轉往福州、廈門，再運銷國外，很少由淡水直接出口，

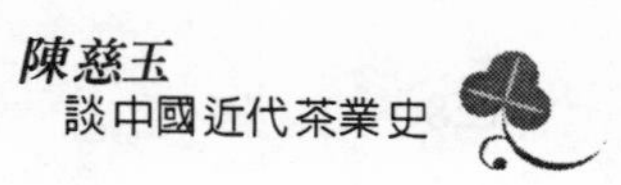

當台灣成為日人的殖民地後，情況才有了改變。

問 **您在研究清代茶業史後，還想不想繼續研究茶？**

答 以前我的論文偏向專門性，希望有機會，用淺白文字寫一些普遍性的茶業史，目前正在寫有關生絲的論文，以後仍然願意繼續研究茶業史。

問 **您在日本停留了多久？返國幾年？**

答 我在日本研究了八年，三年前回國。

問 **請問您偏好中國茶？還是日本茶？對於日本茶道有何印象？中國人和日本人泡茶的方式是否相同？**

答 我比較欣賞中國茶的滋味。

日本人泡茶的步驟與中國人大不相同，不過我贊成喝茶的方式衍生出許多不同的流派，未嘗不是好現象。

問 **您在日本念研究所時，有沒有發生什麼有趣的事？**

答 有一件與喝茶有關的趣事，日本人的習慣，是由女孩泡茶給男孩喝，即使大學畢業，踏入社會工作後，泡茶及接電話的事務，也由她們來做。

當我在日本念研究所時，女生比男生少，他們喜歡在中午或下午三時休息時喝茶，起初都是由男生泡茶給我喝，不知何時開始，由我泡茶給他們喝，那些男生就笑著說：「明天會下雨」，一個禮拜後，我問他們：「怎麼沒下雨？」他們打趣說：「現在是梅雨季節，應該會下雨，因為你泡茶，所以不下雨。」這件事，足以反映中日兩國民族性之差異。

潘栢世

【哲學老師】

談工夫茶的喝茶哲學

現代社會人們多半急功近利，沽名釣譽，貪圖享受，能夠特立獨行，不拘小節，汲汲於精神生活之探索的，並不多見，潘栢世就是其中之一，他沈醉在文、史、哲學的領域中，知識對他而言，就是「無價之寶」。表面看起來，不修邊幅，灑脫不羈；認識他的人，都有一種感覺，老潘待人熱誠、坦率、健談、熱愛生命，雖然不願被禮教所束縛，仍然堅信仁心和道德的力量能維繫人際關係的和諧。

潘栢世除了文、史、哲學有造詣外，也懂得醫術、擅長瑜珈、通玉石之學，對國畫、書法也有偏好，是個多才多藝的人。兩年前，他迷上了茶藝，由於本身對儒、道、佛家的學說有所涉獵加上自己的知識基礎，在著手研究中國茶藝時，很快就融會貫通。

他以為，好茶必須要有好壺來搭配才能表現出來，並認為，在喝茶的樂趣中，可以體會出人生哲學來。如果我們和經常運用腦力思考的老潘互談，你會發覺他兼深度和廣度。

＊　＊　＊　＊　＊

問 我們剛剛聊了一陣，知道潘老師在大專院校教授文哲藝術方面的課。現在想請問：您是在什麼時候開始研究中國茶藝的呢？

答 研究嘛，不敢當，我只是在接觸了之後發生喜愛，然後不斷去請教，日子久了也就留下些許心得，今天接受您的訪問，心裡實在有點緊張呢，我開始注意中國工夫茶，算來不到三年，不過，在我很年輕的時候，港澳的幾位

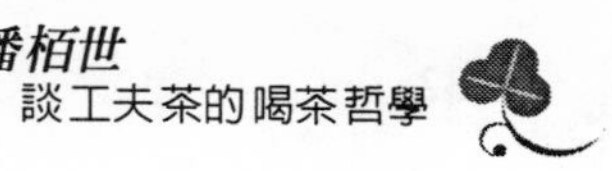

潮州朋友，給我打下了基礎，懂得怎麼讓舌頭靈光些，這很重要，猶如看畫要藉助於色感，聽音樂要藉助於音感一樣，而工夫茶呢，它是藉助於口味的。

問 既然「工夫茶」藉助於口味，那麼，請問我們應該怎樣去分別口味上的種種呢？因爲茶湯喝進去之後，大多數會發生可口的味覺，我們應該怎樣去講它呢？

答 對的，很多茶湯都非常可口，但這不是沒法辨別的。首先，該弄清楚我們喝茶的「感覺區域」；再來，即使是同樣優美的茶湯，它的格調還是可以進一步講究的。幾泡茶喝過之後，我相信清香的生茶與沈厚的熟茶，它們各自形成不同的精神狀態，這仍是可以講究的。不過從基本上來講，必須先弄清楚我們與茶湯接觸的感覺區域，這是第一步。大體上說來，這裡面可以分作六個區域，第一是舌尖，第二是舌面，第三是舌底，第四是兩頰，第五是喉頭，第六是鼻尖。以台灣主要三種工夫茶來說，文山包種的鼻香是最明顯的；木柵鐵觀音所造成的喉韻，也是不爭的事實；只有凍頂烏龍，它可以說是全面性的，好的春茶，喉韻很不錯，好的冬茶，葉子香氣的變化特多，出人意料之外，真是迷人極了。我們好多位朋友，經常都在比較文山包種的清香格調和凍頂烏龍的變化性香氣，可謂不分伯仲。但是木柵鐵觀音的秋茶，又是別樹一格，當它採用清香茶的做法，初焙之後，那種潤美清醇，好喝極了。

問 聽您說來，若能泡好一杯工夫茶，好像其樂無窮，但是就我喝過的工夫茶而言，怎麼很不穩定，時好時壞，有時朋友推薦一泡好茶葉，拿回家中，怎麼泡都不是滋味，水溫我也注意到了，浸的時間我也注意到了，茶葉量亦依照朋友之所言，可是怎麼都泡不出效果呢？

答 您所遇到的情形，依我猜測可能發生在泡壺方面，這是一個極為可惜的普遍現象，往往好好的一泡茶，就是讓不合適的茶壺破壞了。更好的茶葉，尤其需要更好的泡壺，這絕對不是挑剔，這是配合，為了不冤枉一泡好茶，要知它是天時地利加上製茶師傅的心血的結晶呢！

問 請問您所謂的泡壺，是什麼意思呢？

答 古董壺是古董壺，講究的是年代，是真偽，觀賞壺是觀賞壺，講究的是泥色、造型等觀賞之美，但是泡壺的任務就不同了，它在於發揮茶葉的特色，不只不破壞它，並且還要把它難得的特色藉助泡壺的功能而大大顯露出來，讓茶湯更美，更難得。好的泡壺，可以是老壺，也可以是新造的壺，這是不拘的，但是老壺吃進的茶葉多了，難免味道駁雜，需要經過細心的擦滌整理，這也是一門技術；新壺則需要培養，換走它的泥味，並且藉著沖泡，使泥中的氣孔開張鬆透些，效果便越來越好；並且，如果專泡熟茶的，也應讓它專泡熟茶，不要混著來泡，事實上，不只生茶、熟茶，不同的茶種最好也別混雜使用，才能真正發揮泡壺，使茶湯

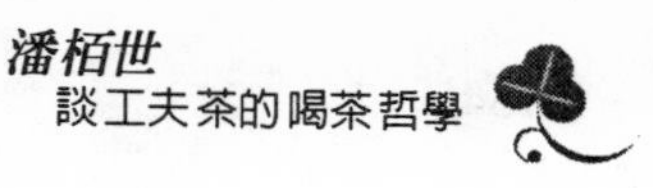

氣味純淨。

問　我們姑且把話題岔開一些，暫且不深入地談論茶與壺的關係，因為我聽潘老師剛才的話，我知道裡面定有很大的文章，一下子怕談不詳細；我現在想直截地請問：您認為我們今日應該怎樣去推廣台灣的茶藝呢？

答　對於這個問題，詳略之間還是有很大的差距，現在也只能從簡略扼要處來談談了。怎樣推廣茶藝，首先就要考慮到茶藝最重要的內容是什麼，大體上來說，它包括了茶葉、茶具、水，以及沖泡方面的知識與技術，還有，它也應包括一個配合的空間——室內與室外都可以，但要求不同。在這些裡面，茶葉當然是最基本的，從它的樹種、栽培、採收及焙製，就存在著種種優劣的區分。因此個人非常主張，大壺或飲杯泡用的茶葉與小壺泡用的茶葉必需儘量分開來。一般來說，公司招待茶，和家庭待客的茶都屬於大壺泡用的茶，它們都要求耐浸，但不必如小壺茶一樣，要求沖泡的濃度與次數，這是不同的要求，應該有不同的焙製方式與茶種。如果大壺茶都能好喝，那麼，中國茶藝的普及化就很可以發展了，如果大壺茶都不好喝，一定要非常講究的小壺工夫茶才好喝，那麼，即使這個工夫茶的藝術如何高明，恐怕也會使得「中國茶藝」走入牛角尖。就是說，必需要很難能，然後才可貴，這就不是愛好「中庸之道」的中國文化了。因此個人不揣冒昧，在此呼籲茶藝業者，不妨主動研究一般大壺泡用的茶葉，並且明告客戶，每一種出售的茶葉的特性，能夠使得沖泡有效，買家歡喜，才是真正的推廣茶藝之道，同時亦不失為生財之道。至於認真的中國茶藝，還是應該落到小壺茶來講究的。再不然，回到很古代的候湯碗泡，當然有極為深湛的藝術。但是，站在台灣所產的茶葉而言，宜興式小壺還是最佳泡法。此外，潮汕小壺偏能泡好某些熟茶，如同早年台灣的「老東陽」一般，但是關於仔細地品嘗山頭氣與季節氣的清香茶類，就不能不讓宜興式高溫製成的泡壺專美於前了。並且，很多沖泡的技巧，也是配合著壺泥、壺型、水溫與茶藝的特質，變化出豐富而敏感的工夫茶品味，同時煥發著彼此不同的格調與精神。

問 **由於潘老師是教哲學的，今天最後一個問題，想請問一下，我們喝茶這麼多年，有沒有喝茶的哲學呢？**

答 這方面我反而是疏於考究了，但是我曾在一個茶壺上面看到兩個句子，頗能使我領略自己民族的人生體會。這兩個句子是：「色到濃時方近苦。味從回處有餘甘。」看茶色當它轉濃的時候，我們心裡就明白，它的品味越厚了，而它也可能給我們某些苦澀的感受了。但是，這個苦澀，卻只是個過程，因為，通過這一點點苦，在回味的時候，我們所得到的，反而是無限的甘甜呢！我沒有認真思考過茶的哲學，不過看到這兩個句子，隨想所及，聊聊而已。

陳薇

【《魏三爺與我》作者】

談魏景蒙的茶藝生活

△圖中立右者為陳薇

穿著一襲長裙，把頭髮挽成一個髻，美麗大方的陳薇女士，笑容可掬的說：「平常你們都喝茶，今天不妨換換口味，喝喝咖啡如何？」原想推辭，又不便拒絕女主人的盛情，於是我們喝了濃熱的咖啡，她還請我們吃水果，殷勤的招呼。當我們聽她談起與魏先生的生活點滴時，她的眼眸深處，閃爍著淚光，原本鶼鰈情深的一對，現已天人永隔，情何以堪？

我們請教陳女士對茶的看法時，她告訴我們她來自桃園大溪，年幼時，常喝家鄉的濃茶，當時並不在意茶之好壞，只是覺得熱熱的茶，喝起來很舒服，後來與魏先生一塊北上，經常有機會品嘗好茶，口味隨之改變，體會出劣等茶的滋味不如高級茶，她認為人的通病是——一旦吃慣了上好的東西，就會覺得粗劣的東西難以下嚥。

我問到魏先生喜不喜歡喝茶？陳女士回答：「他一向對茶有偏愛，每天早上一定喝杯熱茶，晚上有空時就喝濃茶，特別喜歡凍頂茶及清茶；每當出外應酬，如果喝了太多的酒，返家時就以茶解酒。他的好朋友，都知道他熱愛品茗，紛紛送給他茶具及茶葉，不過他只使用一套茶具，其他的都捨不得用，知交好友的贈予，對他來說，都是無價之寶。」

談到有關喝茶的方式時，陳薇女士說：「如果用大杯喝茶，你喝你的，他喝他的，比較沒有情調。」因此，陳薇女士認為小壺泡茶，仍有它的優點：「雖然我在沖泡小壺茶時，並沒有依照固定的步驟，不過心情卻很愉快。魏先生和

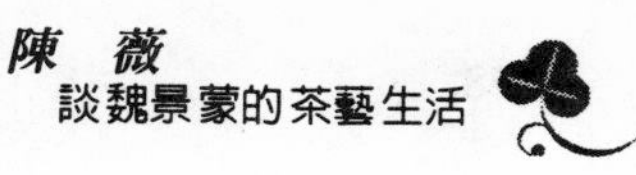

我常常輪流泡茶，兩人對飲，情深意濃，樂在其中。」夫妻倆一邊喝茶，一邊磕瓜子，喝得越多，精神越好，彼此暢談時，往往不拘形式，海闊天空。「魏先生多半談些什麼呢？」陳女士說：「多半是一些古聖賢書的道理，以及李白、陶淵明的詩句，每回都是興致勃勃，欲罷不能。」現在想起來，所謂：「相對將茶試，閒談論古今」的境界的確是耐人尋味。

同時，陳薇女士也告訴我們，魏先生不太喜歡喝咖啡，他認為咖啡所含的咖啡因過多，經常喝咖啡等於是在慢性自殺。但對於茶，魏先生卻「情有獨鍾」，把茶當作生活的享受。提到夫妻喝茶的趣事時，陳薇女士笑著說：「魏先生和我常在床上聊天，床的兩邊都有茶几，我們把泡好的大杯茶放在茶几上，邊喝邊聊。有一次，我們把瓜子擱在床中央，聊得很痛快，不知不覺的走入夢鄉。第二天早上起床，看到床上還有昨夜殘留的瓜子和瓜殼，都忘了到底是誰先入睡的，兩人只好邊笑邊收，想起來真是有趣。」

平常陳薇女士則比較愛喝熱茶，談到她喜歡喝熱茶的理由時，她毫不猶豫的說：「熱茶很暖，能夠排汗，促進新陳代謝，喝茶還可以明目，不但使精神舒暢，身體也會更健康。」為了讓大家和她一起分享喝茶的樂趣，經常邀集好友一起來泡茶、聊天，輕鬆自然的聚會，可以聯絡感情，增進彼此的友誼。

童年時，陳女士看到的製茶方法都很落伍，最近，她到竹南天仁茶園參觀現代化的製茶設備時，詫異萬分，沒想到近一年來，進步如此神速。

那麼她對現代茶藝館的印象如何？她道：「我到太極門茶藝品茗中心時，對於那種恬靜的氣氛，古雅的陳設，有很深刻的印象，很多地方都太吵雜，唯有寧靜的茶藝館格調高尚，予人舒適的感覺。」

談到夫妻共同生活，會不會產生磨擦？在這種情況下，魏先生和魏太太是怎麼化解兩個人的僵局呢？陳女士告訴我們：「他和我沒有口角之爭，如果有不高興的事，就寫在紙條上，看過之後，氣就消了，不會產生衝突。出門在外，偶而會遇到不順心的事，我一發覺他臉色不對，神情有異時，就設法轉移他的注意力，讓他喝喝茶，寫寫字，再慢慢打開話匣子，讓他說出心事，幫他分析，提供意見，使他在外頭受了委屈之後，能有商量的對象。」

從這次訪問中，我們深切的體會到，茶在魏景蒙先生的生活裡，占了很重要的比例。當今社會，人際關係一天比一天淡薄，傳統倫理觀念幾乎蕩然無存，家庭的組成份子也不如往昔那般和諧，在這種情況下，更應該提倡喝茶的風氣，尤其在家庭裡，如此一來，人與人之間的關係，不但會更加密切，倫理觀念也會再度受到重視，家庭的氣氛自然日趨和諧，足見茶在日常生活中扮演了相當重要的角色。

陳　薇

黃正敏

【惠美壽總經理】

談台灣茶業何去何從

沙坑茶業股份有限公司「惠美壽名茶」總經理黃正敏先生，繼承父親黃崇誰老先生遺志，以負責任的現代企業精神，積極發揚中國茶藝事業。

黃總經理有七個兄弟姐妹，都受過良好的教育，每位都畢業於一流的大學。學有專精的黃總經理，畢業於台大法律系以後，曾考上法國人民贈送公費留法及美國銀行的職務；但為了完成父親的心願，轉而從事茶業。

在台灣外銷茶葉中，沙公司曾有舉足輕重的影響力，目前台灣半發酵茶開拓國外市場，該公司「惠美壽名茶」也是先河之一，我們為了進一步瞭解該公司的發展情況，和黃總經理如何將惠美壽名茶帶向現代企業經營的過程，特於72年12月16日午後2時，抵達座落於寧夏路的惠美壽名茶本店訪問黃正敏總經理。在將近三個小時的訪問過程中，黃總經理提出對茶業界的建議以及對茶葉外銷的看法，言論中肯，字字珠璣，發現他不但是位性情中人，而且平易近人。雖然是公司總經理，毫無擺官架子的姿態，視員工如弟妹，公司氣氛一團和氣，相處融洽，以他辦公室樸實的擺設，和桌子上的玻璃墊下放滿家人照片，可以看出他是多麼重視家庭生活。在訪問中，不時有外面的電話打進來，包括他的代理商從美國打來的國際電話，以及員工的業務請示，黃總經理一一處理，明快、果決、俐落的作風，予人深刻的印象。

黃總經理首先談到茶業界的一些觀念問題，他指出：「一般人對於『茶業』與『茶葉』之觀念仍然很混淆，應該

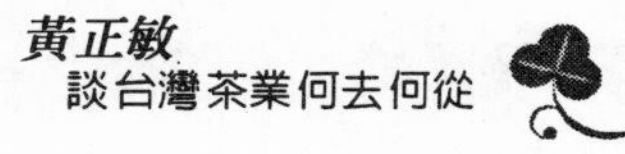

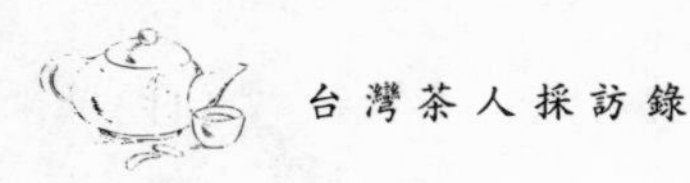

有更明確的劃分。『茶業』是商人將茶葉以企業經營的方式，不但兼顧品質、價格、市場行銷、衛生健康，還有倉儲、服務，甚至包括消費者的宣導等項目。而『茶葉』是指茶農對茶園茶樹育種施肥採收，以至農民自製等工作；茶葉必須經茶業而擴大，因為『茶』是農產加工品，絕非狹義的農產初級品，所以我認為茶業與茶葉應各自分工，各司其職。因而，觀光茶園的設立與觀光果園不同。果園裡的水果屬於初級農產品，可以隨採隨賣，而茶葉的加工性，有賴茶業的專業性，去作臻善的享用。

『茶業』是相沿很久而來的行業，在農業政策上應該顧及各方面的需要，使茶農、茶商都能受益，免得『頭痛醫頭、腳痛醫腳』，以今年在新公園舉辦的茶業特展為例，公會會員只能在有限的攤位展出成品包裝『商品茶』，各地農會不是宣傳或宣揚其地區性產茶之特色或說明製法，反而大叫大喊的賣茶，讓參觀的消費者以為產地便宜，撿到機會，而使茶業公會會員茶商狼狽尷尬，不知如何？失去特展的教育效果，而變成一項不必開發票的『特售』，徒令當日展出的茶業者滿腹辛酸與無奈！」他誠懇的針對闕失，提出個人的看法，完全是肺腑之言，值得檢討與深思。

同時，黃總經理表示，農林廳廢除「製茶管理規則」可能會造成兩項困擾，一是小茶舖或店無法管理，二為茶農任意製造茶葉，影響品質。因此，他建議在輔導管理上，最好有可遵循的原則。千萬別為了自製的茶葉農戶，而犧牲了既存在的多數茶業工廠於不平而叫屈。此外，有關內外銷的數字報導，似欠明確，與實際產量未必相符，最好能做有效的統計。本著「愛之深，責之切」的原則，語重心長的說出他內心的想法，頗具參考價值。

目前國民生活水準日益提高，對於飲茶也就逐漸重視，使得茶價高昂。黃正敏先生認為如此一來，雖使茶農收益改善於一時，長此以往，可能會有反效果。茶價太高，並非一般家庭所能負擔，與平均生活指數不成比例。其實，普通家庭才是最重要的客戶，合理茶價，普遍進入家庭，使之生活化，是當前最要緊的工作。

談到「惠美壽」崛起的經過，黃總經理說他的父親黃崇誰先生最早在新竹沙坑茶廠，擔任到台北賣茶的外務員，摸索了一段時間後，也吸收了許多茶藝的知識，對茶的了解也更深入。當時沙坑茶廠專門製造粗製茶，而後黃老先生成為股東，繼而被推選為董事長，民國48年，添加設備，把自己的粗製茶經過加工、精製的手續後，成為精製茶，開始直接外銷，這是沙坑茶廠的一大改變。

民國50年在台北成立外銷部門，民國57年又改建廠房因應需要，配合政府產製銷「一元化」作業政策。沙坑茶廠在廠房基礎上也躍昇為遠東最大茶廠，以一貫作業的方式，將大量茶葉外銷世界各地，不僅時常接待國外茶商參觀，並獲得　蔣經國總統當時任院長時蒞廠指導，面囑黃先生好好為台茶效力。

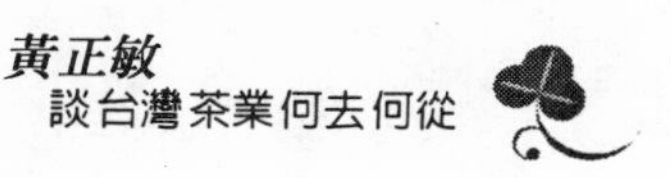

「惠美壽」之名稱是保留日語音漢字意，由於黃崇誰老先生，身材比較矮胖，所以業界大家叫A、B、S（日語惠比斯），有彌勒佛之意。英文縮寫字母用ＡＢＣ來代表，有Agility（智慧）、Beauty（美麗）、Culture（文化）之意味，黃先生為紀念其父終其一生在茶業上，乃取其名而加以登錄商標，一則表示後繼從業人員對先人的追念，並以之為訓，努力發揚茶藝。母體仍是沙坑茶業股份有限公司，負責出口、製造等業務，而惠美壽名茶成立於民國64年，專營買賣，除省內銷售外，並率先以品牌包裝茶行銷日本、美國、加拿大、澳洲、法國、西班牙等地超級市場及各食品店，他並說明在這些地方均辦理商標登錄。

對於外銷市場的業務，不論是英文書信、電報、促銷、推廣等作業，他都非常的熟悉，將來打算繼續在國外拓展茶業市場，他會盡量努力的去做。至於內銷市場，他摸索了七、八年，覺得還是相當淺薄，他誠懇地希望內銷前輩，不吝指導切磋研究。

該公司使用電腦，在外銷產品上，盡量求其規格化、系列化，產品採用分類分級包裝，以利資訊時代的電腦作業，並減少營運成本。他表示除了茶專門店外，飲料食品業、禮品業，只要有店面所販賣場所均可以售茶，便利消費者，並擴大茶的動態發展。

在業務上，黃總經理堅守日新又新的原則，每週六上午八時半到九時，親自督導員工，召開會議，除了作心得檢討之口頭報告外，並且預定下週計劃，如果員工有建議，隨時可以提出書面報告，作為業務改進之參考。

黃總經理再三推崇「全祥」、「華泰」、「天仁」等同業，雖然是同行，對於各家的經營策略和經營方式都十分讚賞，各有特色。「天仁」首先把茶當作商品，加以連鎖店頭化，甚具創意。所以他認為不妨作為借鏡，因為多吸收他人的長處，自己也能受惠。如果茶業界同行相嫉，明爭暗鬥，互相排斥，惡性競爭，後果堪虞。茶業界人士要團結起來，以謙遜的態度，加強聯繫，發揮團隊力量。

茶業界在全盛時期，成就十分輝煌，後來一年不如一年。近四、五年來，內銷市場有逐漸興起之趨勢，卻過於紊亂，可見傳統的茶沒有被遺忘，業者能有突破的作法，和團結的意識才是最重要的。

我們請黃正敏先生談一談台茶外銷的今昔，他很感慨的說：「過去台茶外銷輸出金額，是米、糖、香茅油、樟腦等物品的總和，由此可知，外銷茶商在當時是頗有份量的。」

「起初，台灣綠茶銷日，是因為我們的價格比他們低廉，日商將本省綠茶摻在日本綠茶中混合出售，獲取暴利。於是，出現了八十六家擁有綠茶設備之工廠，出口數量高達一萬二千噸，如今只剩下三千噸，今非昔比，廠商減至十五家，成本逐年提高，價碼不再被日人接受，銷日綠茶自然減少。」

「往年綠茶輸出以北非為大宗，但是，目前北非各國，

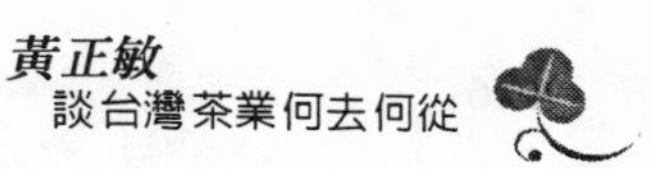

如摩洛哥、利比亞、突尼西亞等，社會主義化的國營『專賣制』，使茶商無法立足，當年北非市場猶如大賭注，押中贏家可吃好幾代的風光，早已成為昨日黃花。」

分析外銷市場疲弱的原因時，黃總經理說明茶商成本逐年提高，在資本、倉儲、利息上的負擔日益加重，很容易虧損，預期目標往往無法達成。工資上漲十倍，因其為農產加工品，又無法改全自動或機械化，加上電費、包裝費等支出，作四季約半年，休閒半年管僱費用照支，簡直無利可圖，使得一些廠商無法維持，只有倒閉關門。另一方面，部份海外市場，受到政治影響，不能打入，再加上本國的茶葉或品質成本與新興產茶國無法抗衡，種種因素使外銷茶面臨困境。

提到德、比、法、英等國之阿拉伯移民原本嗜綠茶，但現狀已改變。他告訴我們：「大多數的第一代阿拉伯移民已回到原屬地或老死，而第二代移民在當地長大，早已被同化，過西化的生活，改喝紅茶，因而綠茶市場受到波及，自然式微，這是生活變遷的關係。

對於日後外銷茶應走的方向，黃正敏總經理提出了他的觀點：「台茶外銷茶類，不應只限於紅茶、綠茶，應該鼓勵發展半醱酵茶的出口。除了恢復東南亞的市場外，可由業者扭轉歐美人士的觀點，說明半醱酵茶的好處，加以宣導，就像這四年以來日本市場一樣由零而逕數千噸，觀光的日本人帶回去的除『新東陽肉鬆』外，烏龍茶成了最受歡迎的禮品，日本市場如此，歐美市場又有何不可？」

當他考察外銷市場時，發現在加州、紐約等地購買中國茶的顧客，大部份是台灣人、老廣、日本人、韓國人及越南華僑，他認為必須擴大顧客的訴求對象，除了東方人之外，還有許多的西方人，都可以成為半醱酵茶的愛好者。

他不同意有些廠商輕視「餐廳茶」的地位，以洛杉磯為例，餐廳有千餘家之多，可見「餐廳茶」仍是值得維護支持的市場。這些地方以茶待客，值得鼓勵，可以告訴他們用過濾布來處理茶渣，會更受歡迎。雖然，餐廳茶價格低廉，但可用機器大量生產，降低成本，使它大眾化，薄利多銷，仍然是業界的一條出路，否則中國餐館改用咖啡待客，像話嗎？這又是誰的過錯呢？

黃總經理很認真的表示：「以好茶來待客，是一種溝通的橋梁，喝茶之前，可作沈思，喝茶之後，再討論話題的重心，也可藉此補充體內的水份，有了茶可以馬上喝，不像咖啡需要加牛奶和糖，十分費事。」

茶在中國稱「國飲」，中國人不瞭解中國茶，是很可惜的事。所以他主張小學教科書中，增闢茶的基本常識，讓孩子從小就對茶產生印象，鄰邦日本推展得極為成功，值得我們學習。

「永琦百貨為了促銷，進行打折活動，本公司茶葉的銷售量，五天只有十二萬，咖啡卻賣了五十萬，可見國產茶並沒有受到大眾的重視。」談到舶來品壓倒國產品的癥結，他

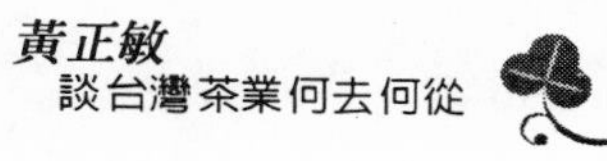

以一個例子來說明：「這跟崇洋心理有關，好比有個中學生到咖啡廳喝咖啡，明明很苦，第二天偏偏要向朋友吹噓咖啡香、音樂棒、地點好，再三炫耀的結果，使得他的朋友被虛榮心所驅使，也去品嘗咖啡，藉此證明他也懂得享受。」

他再三強調推廣茶藝的重要性，建議茶藝協會不妨到各校宣導茶藝知識，灌輸國人對茶的觀念。雖然，目前十幾歲的青少年沒有購買力，先讓他們建立對茶的深刻印象，明白茶的可愛之處，強調茶源自中國，可以使下一代愛好本國事物的興致更濃，培養愛國的情操，加深對茶的好感；另一方面，在凡事講求迅速的工商社會中，為了讓新生代接受茶，先以「喝茶」的方式，使他們感受到茶的色、香、味，進而推廣「品茗」，等到將來他們有了購買力以後，自然而然會想買茶喝。他認為「品茗與喝茶的升級，茶藝館的興起帶動品茗的去處與意境。今後凡是茶業者及茶藝館經營者，應朝向少年、青少年的『喝茶』當課題，如何使認識、興趣，接近而日常飲用，天下父母心，我們由自己家庭而親朋、學校、工作場所去共同努力吧！這條路是最寬最大也是永遠有得忙的呢？」

提到黃總經理的休閒生活時，這位通曉國、台、日、英、法、客家語，經常旅遊世界各地，為完成父親志業，不斷努力，希望藉此報答父母恩情的他說：「除了為公司的業務忙碌外，一有空就閱讀書報雜誌，平時最喜歡看『天下』雜誌、『皇冠』及中英文『讀者文摘』等。」從言談中，我們知道黃總經理閱歷豐富、見聞廣博、思路敏捷，精神生活富足，深切了解「行萬里路，讀萬卷書」的個中滋味。血型A型的他，平日熱心社會公益事業，出錢出力，奉獻愛心，目前黃先生是台北市具二十五年獅齡的南區獅子會的一員，他對社會人群的關懷是真誠無私的，在沍寒的季節裡，益發顯得溫暖。

黃先生家庭美滿，一女兩男，豁達的人生觀，當我們告辭時還一再地要我們別忘記惠美壽名茶的同仁訓：「相傳多年惠美壽，最堪細品中國茶。名茶生台灣，春來發幾枝，勸君常飲茶，此物最益身，惠美壽獻給您，美麗！健康！長壽！」

李瑞賢

【天仁茗茶總經理】

談台灣茶業的現代化

△圖左穿黑外套者為李瑞賢

認識李總經理是兩年多以前的事，為了籌備「中華民國茶藝協會」，當時也只見過面，真正進一步認識是民國71年9月30日下午的一次座談會上，李總訴說他投入茶業的背景因素。那段期間茶藝協會沒有辦公處所，而暫借天仁公司的一張桌子，對於望之儼然的李總經理，天仁公司上下職員都敬畏三分，聽他們的同仁描述，似乎李總非常嚴格。及至將近一年的接觸，使我漸漸發現，李總是一個很好相處的人，並且具有真正的愛心——能將自己的經驗、知識無私的告訴別人，自此以後，就決定找個時間來專訪他，讓許多平常誤會他的人能瞭解他。

由於李總工作忙，不易遇到，於是先約定大約是什麼時間要去拜訪他，然後看到他的時候，就來個隨機訪問。

* * * * *

問 請李總經理談談您在十幾年前，以一個知識份子投入茶業這一行的經過情形？

答 我生長在茶業世家，父兄終年為此辛勞奔波。我的兩個哥哥並非沒有能力接受比較高等的教育，主要原因是當時家庭經濟情況比較差，無法繼續升學。排行老三的我，比他們幸運，能在家境好轉時，完成大學教育，而後留校擔任助教，原來預備出國留學，並且朝這個方向努力。

民國60年4月，有一天，大哥找我談話，問我想不想成為一個有錢的人？我告訴他：「我們是在困苦中成長的茶農子弟，當然嚮往富裕的生活。」於是他問我班上的同學有多少人打算出國，我回答他大約有十幾位。於是，家兄希望我能放棄出國的機會，留在台灣，他說：「十年以後，你的同學頂多得到一個博士學位，而我保證可以使你成為一個有錢的人。」經過考慮，想想家兄為了我們弟妹已經犧牲了很多，應該配合他們才對，在這種情況下，我加入了天仁茶業有限公司。

問 **您加入天仁茶業有限公司以後，有那些具體的作爲？**

答 當時，一個大學畢業生，又是理學士，從事茶業這一行，是罕見的特例。當然我決心從事這一行時，許多人用輕視的眼光看我，甚至於批評我的父兄，糟蹋一個大學畢業生。因為在那個時代，只要小學畢業，就可以從事茶業，他們從生活中學習，慢慢的磨練，都是所謂「行伍出身」的。

在我加入天仁的行列時，還只有四家連鎖店，分別設在岡山、台南、高雄、台北。為了安定門市的生意，穩定茶葉的來源。首先，在台北第九水門附近，主持一個精製廠。

到茶廠的第一年，看到製茶廠師傅，以木炭焙茶，每焙一次茶大約要用二十個焙籠。為了焙茶，必須先到社子找穀糠，夏天要花八個小時的時間來焙茶，冬天焙茶則要十一個小時，這些焙茶的人，每焙一次茶出來，都弄得鼻子黑黑，滿身大汗，打著赤膊，灰頭土臉的，看起來很不整潔。於是我領悟出為什麼受高等教育的人，不屑從事此一行業，而且會被人瞧不起的原因，原來製造茶葉的方法，竟然這麼不科學，而且以落伍的設備進行焙茶的工作。於是，我一直在思考，如何改進焙茶的方法。想到化學實驗室用的烘箱，可以加以改良，做為焙茶的工具，改以不鏽鋼製造盤子，為了使它適合焙茶，特別改裝鐵絲網，增設通風馬達，以風扇使新設計的風箱，保持全面溫度平均，用這種新設計的方法焙茶，結果只花三小時就可以完工，做出來的成品，與舊式焙茶的顏色一模一樣。好心想把此法在製茶公會上發表，可惜這種觀念，在當時沒有被人所接受。

我將自己設計的焙茶機烘焙出來的茶，拿出一部份，再把以傳統方式焙出來的茶，也拿出一部份，分別包裝、編上號碼，一起寄到岡山去，讓老師傅們評分試驗，結果我用新式焙茶機焙出來的茶總是第一名。這種結果，增強了我的信心，肯定我的想法是正確的，給了我很大的鼓舞，於是大膽的進行大量烘焙的工作。那時，面臨了一項困難，便是風流量的不一致，請教流體力學專家，他們建議我參考中央冷氣系統的方式，思索了半年以後，終於解決了風流量的問題，確定這種機器已經實驗成功，將它定名為「電子烘焙機」，使用這種焙茶機可說是茶葉製造上的一項革命。

目前本省有三千多家製茶廠，茶莊有二千家以上都使用這種機器。許多人都不太明白「電子烘焙機」的由來，目前此種觀念已被普遍接受，這是我進入茶業界第一件值得回憶的事。

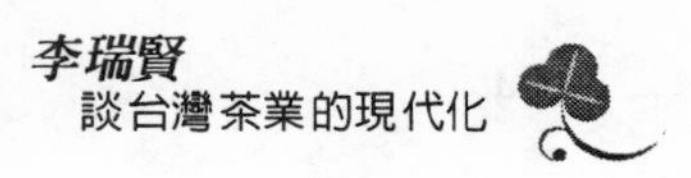

問 **除了「電子烘焙機」以外，李總經理還做了那些革新的工作？**

答 我決心改進業務，對於財務的管理，也做了全面的檢討。過去茶莊的經營，往往不知道「毛利率」的意義，以為一百元買進來的茶，賣出一百零一元就是賺錢了，到最後都不夠開銷費用。因而我們特別強調「毛利率」的重要性；另外還成立了「天仁茶園」，將產、製、銷一貫作業的情形公開化、工廠公園化。

問 **請教李總經理您是如何著手改進業務？**

答 在加入「天仁」公司的第三年後，參與業務部門的工作，構想如何將老的行業，以新的經營方式來拓展。換句話說，就是如何以現代化的企業經營方式來經營企業這一古老的行業。

為了改善過去零亂、不整潔的茶業門市部，開始重新裝修店面，掛上綠油油的茶葉，配合古色古香的裝潢，把烘焙茶的香氣送到走廊，使路過的人也能聞到茶香，這種清爽、乾淨、整齊的店面，讓人耳目一新。產品的陳設以及分類、管理，完全以科學的方法來處理，同時改善服務的態度，經常舉辦品茶週、泡茶比賽等促銷的活動，讓大家改變以往把茶莊看成雜貨店的印象。

問 **請您說明您在財務上如何採取整頓措施？**

答 我針對當時的財務狀況，請教會計師，加以大肆整頓。做到月月盤點、月月預估，每天的營業狀況，都有報表，請專家設計了一套財務管理制度，使得季、年的預估，控制得相當準確，天仁茶業公司能上軌道，而且不斷的擴充連鎖店的主要原因，就是本公司有一套完整的會計制度。

問 **請教李總經理成立茶園的用意和特色？**

答 天仁茶園成立後，從粗製、精製到包裝，完全採用一貫作業。起初，提出這一項構想時，曾遭遇到一些困難，因為茶葉從粗製、精製到包裝的過程中完全保持整潔，不必倒置地上，在老一輩的看法中認為根本是做不到的。過去做茶還是用腳去踩的，現在要讓它不至於灑落滿地，老師傅們都認為這是不可能的事。

花了將近一年的苦心，終於使天仁茶園呈現在大家面前，我們以工廠公開化、工廠公園化為目標。毫無機密的公開製茶過程，讓大家到茶園來，參觀到採用一貫作業，完全開放的製茶工廠。

問 **目前從事茶業的人員，在觀念上是否有了轉變？**

答 的確有了很大的轉變，在我從事茶業十二年以後的今天，許多知識份子都很樂意參與此一行業，假如知識份子不介入茶業，只是牢騷滿腹的批評茶業的問題，無法解決茶業界的困境，這個行業也不可能進步。知識份子能關心茶業，面對問題，解決問題才是最重要的。目前，製茶師的年齡已經逐漸的降低，茶業已成為現代化的一種企業，也是年輕人嚮往的行業。

問 **請問總經理，天仁公司在短短的十幾年中，發展成爲龐大企業之秘訣？**

答 一、團隊的精神：我們九個兄弟姐妹，互相尊敬，精誠團結，共同為天仁茶業公司，貢獻知識、智慧和精力。

二、善於用人：凡是有才華、有能力的人都讓他為公司貢獻心力。

三、領導者接受新觀念，讓更多的外人願意把理想、抱負，貢獻給公司。

天仁公司能有今天的成就，分析其原因，不外上述三點。

問 **請您談談您們兄弟姐妹團結的原因是什麼？**

答 每個人有不同的個性，九個兄弟姐妹一起相處，自然會有意見不合的時候，一旦情緒化，往往容易激動。因此我們盡量控制自己的脾氣，冷靜下來，反省一番，等到理性恢復時，再來討論解決問題的方法。經過爭執後的冷靜思考，得到的結論往往比較正確，兄弟自然更加團結。

老大、老二年齡相近，思想及觀念趨於一致，我是老三，與老大相差六歲，觀念上比較會有差距，所以我們會以廣泛的觸角，從不同的角度來探討問題，得到的結論會更完美。母親再三訓誡我們要兄友弟恭，我們也謹記在心，奉為圭臬，現在我們兄弟團結，為天仁公司努力奮鬥，事業有成，應該歸功於家母的教誨。

問 請教總經理，太夫人教育你們的方式，造成什麼樣的影響？

答 一、我們李家是個大家庭。家母來到李家後，在這個大家族中，必須照顧老小，加上祖父熱衷政治，經常為地方事務奔波，因而忽視家庭。家父是老么，在過去的舊社會中，婆媳之間往往有代溝，家母和家祖母也不例外，但家母必須忍讓，並且擔當家務瑣事，在此種環境磨練下，深深體會愛心的重要。因此，她決心將來當了人家的婆婆時，一定要善待媳婦，使彼此毫無芥蒂。事後證明母親對媳婦們非常體諒，也以愛心對待她們，使下一代與上一代之間，能夠和睦相處。

二、母親經常教導我們，要做一個孝順的人，她認為兄弟姐妹和諧相處，就是表現孝順的一種方式。年幼時，我們兄弟姐妹如有爭吵，家母就打我們幾下，罰我們下跪，並以一些好的治家格言及故事作為譬喻，來管教我們。這種嚴格管束的方式，對我們有很大的影響。我們比較容易於冷靜下來，盡量自我檢討，自我反省，這也許是我們團結的泉源。

三、三伯父擔任鄉長時，奔走各地，熱心幫助別人，但是卻不善於齊家，家母感慨萬千，經常提醒我們，將來如果有了成就，有了能力時，千萬不要只顧到自己的家庭，除了幫忙親友，還要多做一些慈善事業。我舉一個實例：有一次家母從台北坐車返家，經過苗栗加油站時，想方便一下，可惜那兒的盥洗室，竟然上了鎖，而且很不整潔，使她無法方便。因此，她告訴我們，將來一定要在公路邊，建一個休息站，供人方便，免費供應來往旅客休息，且有足夠茶水，免費供人飲用，發揚傳統奉茶精神。天仁茶園便是我們按照母親的心願，建造完成的。我們設立了衛生第一，保持整潔的盥洗室供旅客使用，晚上打烊休息後，仍然把茶準備好，搬到外面去，提供往來旅客飲用，做到二十四小時免費奉茶的方式。

家母看到不合理的事情，便會設法把問題提出來，希望我們能解決，讓下一代糾正不合理的現象。以上三點，可以說是家母影響我們子女的最大因素，使我們從小養成互相尊敬，團結和諧，樂於助人的習慣。

問 **請問李總經理，目前天仁公司有那些關係企業？**

答 本公司在國內有三十三家直營連鎖店，在國外有三家，分別設立於日本東京、美國洛杉磯及舊金山。同時設立了五家製茶廠，另外還有五家關係企業，包括美國威州人參公司、天康貿易公司、陸羽茶藝中心、天成開發投資公司以及廬山天廬大飯店。

問 **是否請您談談天仁公司的沿革？**

答 民國42年，家父李樹木先生，在岡山創立銘峰茶莊，而後家兄李瑞河，於民國50年台南設立天仁茶行，民國55年交給二兄李瑞斌接管，然後在高雄設「天仁茗茶」，並著手培植幹部。民國57年，開始在台北市信義路設立天仁在北部的第一個據點。

民國60年，我出任總經理，並在台北市設立精製茶廠，研究發明「電子焙茶機」，改進製茶技術，在產製銷一貫作業上邁前一大步。民國62年，又在台中、台北各地設立天仁茗茶，民國64年改組為「天仁茶業股份有限公司」。民國67年遠東最大的一貫作業製茶廠「天仁茶園」開幕，採用自動機械作業製茶。

民國70年凍頂茶園落成，產製凍頂烏龍茶供應全省門市部，而後逐漸擴大，發展成為今日的規模。

問 **請問　貴公司經營的方針？**

答 一、致力茶藝推廣工作，開辦茶學講座，支持茶藝文化的研究與發揚，並開發新的茶具。

二、爭取茶農、茶商合理利潤，改進製茶技術，配合政府改善茶農收益，開發高級茶種，推出特色茶，以滿足消費者需求，提昇生活品質。

三、開拓內銷市場，以三十三家連鎖店，配合自動化設備，大量提高品質，降低成本，服務顧客。

四、樹立「天仁茗茶」特色：強調茶葉色的綠底白字招牌，綠色員工制服，古色古香的裝潢格調，統一的品質，規格化包裝，以公道的價格，建立信譽。

問 請問 貴公司將來努力的方向？

答 家兄李瑞河一直認為人們應該有犧牲小我，服務人群的胸懷，因而他特別提出日後努力的方向：

一、「取之於茶，用之於茶」，積極推動復興茶藝文化之工作，並成立「天仁茶藝文化基金會」，全力推動台茶之發展。

二、努力使台灣的半醱酵茶進軍世界，開拓外銷市場。

三、鼓勵公司幹部參加社團，擴大社會層面，辦理茶藝活動，提倡「國飲」。

問 請問 貴公司如何培養人才？

答 本公司主管都是由外務幹起，經過二年以上的專業訓練，學習領導統御及財務管理等課程。

如果要擔任公司主管，必須已婚，並且夫妻同時上班，父親可當倉庫管理員，母親做廚師，兄弟當外務，姐妹當店員，大家有薪水可拿，也可以享受紅利，以家庭倫理為基礎，作為本公司經營的特色，使全家生活安定，其樂融融。

十年來，從經驗中發現此種經營方式，優點多於缺點，也是本公司成功的主要原因。

問 **請教總經理， 貴公司經營的特色爲何？**

答 **一、以家庭倫理建立管理制度：**主管就是老闆，一家人可以彼此照顧，加上分紅制度，可以使大家工作更賣力，爭取更多利潤。

二、現代經營企業精神的發揮：有優良的管理制度，完整的營運計劃，以家族為中心發揮堅實可靠的力量，融合中國人傳統倫理優點，以及外國最新企管專長，為國內首創。

三、建立預估制度：做到月月分析檢討，每三個月必做一次紀錄。並預估未來一年目標，使營業單位主管有明確目標去努力。總公司得以掌握全局，對未來一年之資金、運費、生產、採購作有效的調整。

問 **請教您對「添加味茶」的看法？**

答 這完全是觀念問題，在工商進步的社會，人人講求新鮮、速度及簡便。比如我們喝的牛奶，就有不同的口味，如咖啡牛奶、蘋果牛奶。

早期茶就有添加其他的東西，像花茶（如茉莉花茶、桂花茶）就是加味茶的一種。尤其是歐美人士，流行的是草藥茶。本公司出品的洛神紅茶，美國人特別偏愛，所以不斷的追求新的口味，可以使添加味茶受到大眾的歡迎。

本公司在美國經營的人參農場，生產了很多花旗參，董

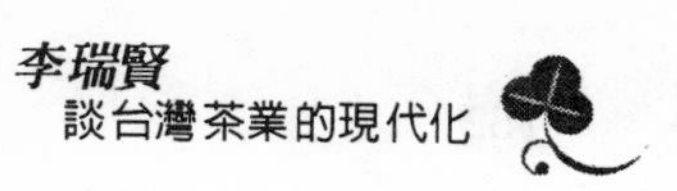

事長認為人參是對人體健康有益的飲料，因而主張把它加在茶裡面，可以創造出加味茶特有的風味，本公司出品的919、913都屬於人參茶，有益健康，值得推廣。

添加味茶是新口味茶，希望我們不要以有色的眼光來看新的產品，很多事往往是由時勢所造成，不久我們將推出苦茶，便是因應社會需要而開發出來的新產品。如果我們能從客觀立場上分析，某種東西對將來而言是有希望的，那麼我們就應該在這東西上下功夫。

問 **對於目前的茶葉市場，總經理有什麼看法？**

答 我認為台灣應發展特色茶——半醱酵茶，因為無論就色、香、味而言，半醱酵茶都是上品，在國際市場上擁有很大的潛力，所以茶葉不妨向高品質的路線邁進。本省的製茶技術是世界第一流的，如果業者能團結，做好市場推廣的工作，使生產、製造、銷售都能密切配合，並且注重品質，在開發國家中必然普受歡迎。

目前低級茶區中的綠茶價格十分低廉，必須加強低級茶區之品質，使低級茶能有中級的水準，這樣茶葉才會有合理的利潤，如此一來，台灣茶葉的發展才有前途。

問 **最近幾年，經濟比較不景氣，貴公司有沒有受到影響？今年景氣復甦，貴公司有什麼反應？**

答 前一、二年的影響並不大，民國71年受到石油危機的間接影響，使本公司成長產生緩和的現象。為了渡過不景氣的難關，我們加強內部的管理，縮減外務人員，著重理念的訓練，發揮工作更高的效率。所以在低成長時期，不斷的加強管理制度的檢討，並分析經營策略，將費用、存貨周轉作有效的控制，由於公司制度健全，管理得當，因而影響不大。

我們預測民國73年的景氣會更好，將展開新階段的開始。

問 **請問　貴公司對於未來的產品，有何新的目標？**

答 我們預定把散裝茶統統改成包裝茶，因為只有包裝茶才有生命，統一價格、統一包裝，嚴格控制品管。

問 **那麼　貴公司對於茶葉市場的發展，有何計劃？**

答 目前本公司的茶約占本省市場的15%，我們計劃市場的占有率能達到30%。希望將來做到一半做外國人生意，使國內市場與國外市場均衡並重。

問 **請教總經理對於天仁企業的發展，有什麼新的構想？**

答 茶葉發展到一定的程度，我們將發展關係企業，例如：建立休閒中心，並開闢茶山、茶園，如霧社、廬山的天霧茶及天廬茶，把荒廢無價值的地區，開發成為有價值的土地。

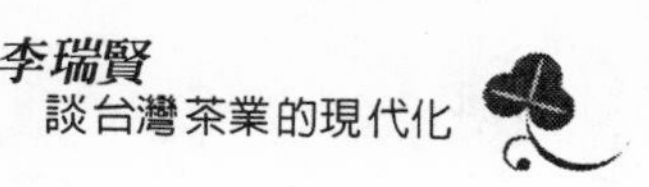

問 **請問李總經理在「中華民國茶藝協會」第一屆、第二次年會中，得到了熱心茶藝人士獎，是否請您談談得獎的感想？**

答 我們一直秉持著「取之於茶，用之於社會」的經營理念，凡是對社會有意義的工作，以及與推廣國人飲茶風氣，復興茶藝文化有關的活動，我們都願意盡全力支持。這次得到「中華民國茶藝協會」頒贈熱心茶藝獎，又是由名譽理事長　謝副總統親自頒授，內心感到十分榮幸，為了支持茶藝協會，幫助該會推廣茶藝，捐出一點經費，希望能拋磚引玉，喚起更多茶藝界人士的支持，共同來推動復興中華茶藝文化這項有意義的工作。今後我會更加的努力，為這項任重道遠的工作貢獻一份力量。

問 **請教總經理一個輕鬆的問題，您平日如何安排生活？**

答 除了處理公司業務之外，我的生活很單純。早上起來，先利用時間，讓自己靜下來檢討一下，或者打打高爾夫球，做自己想做的事。到了中午，就到公司上班，晚上交際應酬。假如沒有應酬，就到公司處理業務，每個月參加各區域的主管會議，每週六參加總公司業務單位的會議，每三個月列席一次全國主管會議。我以晚上班，晚下班的方式來安排生活。

問 **您有那些嗜好？**

答 我喜歡運動，特別是打高爾夫球。

問 請問總經理，在閱讀方面有何偏好？

答 我平常喜歡閱讀企管書籍，以及介紹新知的書。

問 請您談談您的家庭？

答 我的家庭生活美滿。內人原本是學銀行會計的，結婚後的前五年協助公司業務，目前擔任家庭主婦，我有三女一男，老大已經唸小學四年級。

問 請問您對子女教育的看法？

答 我很重視孩子的教育，如果他們做錯了事，我一定會明確的告訴他錯在那裡，我不喜歡古板的方式，完全以彈性方法做為教育子女的原則。

問 您是否希望子女從事茶業這一行？

答 那倒不一定，我希望我的孩子能按自己的興趣發展，不要求他們考第一名，只要前十名即可。只要好好的培養他們，希望他們有能力作為掌舵的人。

林康雄

【中國鐵鞋】

談喜馬拉雅山上特有茶風味

野外求生專家林康雄，多才多藝，中國功夫、茶藝、壺藝、放風箏、登山，以至於針灸醫人，樣樣都行，也因此1983年我國攀登喜馬拉雅山的隊伍，才特別請林先生擔任隨隊醫生。林先生回國後，因為他有豐富的野外求生經驗，也是品茶行家，我們特別做一次專訪。

*　*　*　*　*

問　請問林先生何時開始喝茶？

答　在我五、六歲時就開始喝茶，我的爺爺有喝茶習慣，家人也天天泡茶，很自然的我也喝茶。台灣人大都來自漳州、泉州、閩南，這一帶的居民喝茶是很普通的生活習慣。

問　林先生請問您對茶做進一步的研究是什麼時候開始的？

答　大概是我十八、九歲時。後來我和台大、北醫幾位教授到山裡採集標本，對植物產生興趣，也開始對茶這種植物產生注意，就做調查、研究。

問　經過這麼多年，林先生研究茶的心得必定很豐富。

答　茶這種植物它的功效在於它的成份，從其中的成份抽出來分析，愈分析愈多，最多可達三百多種。我對茶會這麼有興趣，與植物採集、中國熱的流行（功夫、茶道等），有很大的關係。

問 **能不能請林先生談談多年來喝茶的感想。**

答 喝茶是應該推廣的，因為它是我們民族生活中的一環，休閒、待客或家居，茶是一種很理想的飲料，另外有一點，是關於它的藥效。也就是說除了做飲料喝，它還有其他的功用，解毒、殺菌。茶能解毒，大部份的人都知道，在殺菌這方面，知道的人就較少，做專門研究報導的人也很少。

舉例來說，茶汁在夏天隔一、兩夜就變酸；冬天大約是三、四天。發酸的原因是它的成份有黴菌產生，以這種發酸的茶水治療潰爛，效果相當不錯。尤其是足簾潰爛，每天以酸掉的茶水洗滌，痊癒得很快。還有被褥疹，以發酸的茶水洗一個星期，成效也很好。其中又以凍頂烏龍茶、文山包種茶、清茶等生茶藥效最佳，熟茶藥效則較差。

問 **茶的種類頗多，以哪種藥效最好？**

答 半發酵茶，像凍頂烏龍茶、鐵觀音、文山包種這些藥效都不錯，其中又以烏龍茶藥效最好。

問 **請林先生談談茶的研究中，比較深刻印象的體驗是什麼？**

答 研究植物必須像神農氏一樣，要親自嚐百草。有一次，我試驗有毒植物，結果口腔發麻持續七、八小時，我就以軟枝烏龍茶試試能不能解毒，飲用之後，那種不適的感覺逐漸消失。

有一位朋友，輕微呼吸道農藥中毒，感覺不舒服，喝了輕焙火的烏龍茶後，情況也轉好。這兩件是我記憶較深的經歷。

問 依林先生的看法，喝茶方式應該怎麼才適合？

答 以中國人的茶道方式喝茶，稍嫌麻煩，不以這種方式泡茶，喝起來就沒有喝小壺茶來得香。其實不一定要拘泥某種形式，能品得其味，喝得舒服就可以了。

還有值得一提的是茶價偏高。以現在農業改良，交通發達，生產、運輸和快速，茶的價格似乎不應抬得太高。

問 林先生認為茶的價格應以怎麼樣的差距比較恰當？

答 不同的茶葉每兩的價錢，以相差一百元內比較合理。茶價偏高的原因，其實是喝茶人造成的結果。有人以為一兩幾百元，幾千元才是上品，事實並不一定如此。高價茶不是茶農的哄抬，而是喝茶的人的觀念問題。

問 請您談談如何選擇泡茶用水？

答 泡茶的水是必須講究的。所用的水，水質好可以增加喝茶的情趣；反之，則破壞茶的美味。水的純淨與否，主要在其透明度，可用玻璃杯判斷，要看起來很乾淨，嚐起來無土味或雜味，自然的甘甜，性質溫和。

問 **在泡茶上來說，怎樣的水是「好水」？**

答 一般而言，山泉水是最適合泡茶的。在冬天試泉水是最標準的，要感覺水是溫度中等，溫溫的，剛從地底冒出的水給人的感覺是這樣。溪澗、山溝的泉水是涼涼的，就不是好的泉水。在北部要取泉水，台北市近郊烏來、雙溪（故宮一帶）的水質算是不錯的。

問 **泉水取回來後要不要經過特殊處理，能不能放很久？**

答 水拿回來不必再經過處理，它本身已很潔淨，放久了是不會變味的，正常情況下可擺上半年、一年，再拿出來泡茶，茶的味道一樣很香。

問 **林先生上喜馬拉雅山，在山上也泡茶，那種經驗和普通在平地上泡茶有什麼差別？**

答 在山上要喝茶是一件很費時的事，煮水往往要花一個小時。因為用的是冰雪，要等它溶化，溫度最多達到80℃。那種溶化的水沒什麼味道，和蒸餾水差不多，沒有甘滑、潤口的感覺，泡出來的茶，香味不好，要馬上喝掉，不然隔個三十分鐘、一小時，茶就結成大約零下10℃的冰塊。

問 **請問林先生喝茶有沒有什麼目的，諸如美容或保健？**

答 我休閒喝茶應該算是保健作用，以一般的眼光來看，大概是美容，我是把它當成普通的飲料。

問 就保健的立場來說，喝茶必須注意什麼？

答 我是喜歡溫和性的茶，腸胃差的人不要喝太生的茶，生茶刺激性較強，中火以上泡出來的茶較溫和。

問 以林先生的經驗，茶的好、壞要如何鑑別？

答 好的茶喝起來是有苦、澀、甘幾種感覺，但是要恰到好處，感覺舒服，香味溫和。好茶的條件，是它本身的香氣、甘味，淺嚐時會有苦澀味，到某種程度會回甘。還有不能以價錢高低來斷定茶的好壞，像我在頭份買的茶，有的很便宜，每斤二百元左右，泡出來的茶滋味相當甘美，所以說價錢不是斷定好壞的標準。

問 請問林先生，泡茶時還要注意哪些事情？

答 水溫的控制是要注意的，不同的茶有它不同的個性，泡茶用的煮水，溫度太高或太低都會破壞它天然美味。要知道泡哪一種茶，水溫必須多高，就得多嘗試幾遍，便可熟能生巧。

問 請林先生談談目前市面上的添加味茶？

答 我們喝的茶倒不一定要添加什麼，喜歡的話可以自己添加，像甜菊、相思子葉、雞母珠葉（其葉無毒，子才有毒），都是很好的添加物。有些業者高價標榜添加味茶

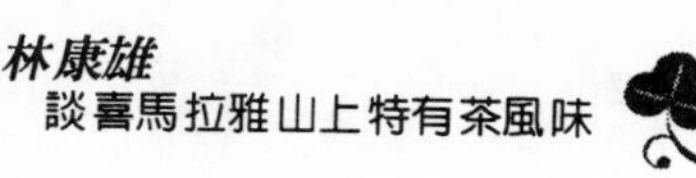

是無必要的。

問 **除了現在我們喝的茶外，也就是說完全沒有茶的時候，還有哪些植物也可當「茶」飲用？**

答 青草茶、苦茶是兩種很普遍的「非茶」飲料：柃木，把它當茶飲用，味道也相當好，效果和茶相等；野生小葉桑、車前草，這些植物曬乾泡或生煮都可成為好飲料。

問 **林先生的茶具很特別，有些好像和市面上看到的不大相同，是不是您自己設計的？**

答 茶匙和茶則，即我們現在說的茶荷，是我自己發明的，在以前我是沒有看過這樣的東西。小茶壺、茶船是我自己做的。

茶匙是添放茶葉用的小匙子，用手抓茶葉顯得不衛生，茶匙就可發揮它的作用。

茶荷的用處是將茶葉輸入壺內。我以劈成半面的一截竹子，在一端削成大凹口做成茶荷，茶葉就沿著竹身從凹洞滑進壺口。像圓型的茶荷是我自己做的（林先生拿他剛裝茶葉，像半個瓠瓜的茶荷給我們看），是瓠瓜給我的靈感，手拉坯的陶品，適合裝青茶用。青茶膨鬆，體積較大，用圓型茶荷恰到好處。

問 **林先生的茶船和一般的也不太一樣，有個小洞，請您說明一下。**

答 茶船下的那個洞關係茶的溫度。茶壺放在茶船裡，壓住小洞，沖熱水時，難免會有水流入船內，這樣有保溫的作用，有的人是沒有習慣在茶船裡留有水，拿起水壺，水就會從底洞流出。

問 **林先生怎麼會想到自己動手做陶壺、茶船？**

答 以前我唸初中時有陶藝課，上課就做些竹器、藤器、陶品等。我初中唸的是高雄中學，會到高雄去讀書，是因為我母親的娘家和一些親戚住南部。我本身喜歡陶藝課，現在會自己捏陶土做些小東西，頗受當日影響。

問 **請問林先生目前的工作主要是什麼性質？**

答 現在是以針灸治療運動傷害為職業。針灸、推拿能在短時間內對運動傷害部位消腫，減少疼痛。

問 **林先生在針灸上頗有成就，請問您怎麼會學針灸？**

答 因為我的上一代就已開始研究針灸，所以也耳濡目染，後來就拜師學中醫。

問 **林先生是野外求生專家，您和「野外求生」這門知識的緣份始於何時？**

答 我大約在民國58、59年時對野外求生產生濃厚興趣。當時登山很流行，卻山難頻傳，野外求生成為很熱門的討論話題，又因為我和台大、北醫教授常到山裡採野外採集植物，在山裡和當地人一起打獵，覺得野外求生非常重要，因此在這方面下功夫去研究。

問 請問您平常的休閒活動，是不是就在野外？

答 是。我的休閒活動就是爬山、郊遊。一般正當的娛樂我也喜歡，像收集石頭當擺飾（我們看到診所裡許多大小不同，紋理各異的石塊）；民國64年9月，我參加放風箏比賽，得了「飛高組」第一名。

問 林先生不愧是多才多藝，會自製茶具，對於民俗技藝也有一套，您的這些興趣是否受家人影響。

答 多少是有，不過還是慢慢培養出來的。我小時候，正值日據時代，家父是騎士，在當時騎士是頗有地位的，所以我對戶外的嚮往力很強烈。我也很愛騎馬，有時沒馬騎就拒絕吃飯，上小學前脾氣一直如此，而且個性非常好動。

問 林先生是不是也練功夫？

答 我讀小學時就已練功夫，主要是自己好動，家人也不反對，就正式拜師練武。從雄中畢業後，未再繼續升學，專心學醫練功夫，十八歲就開始教國術。

問 現在還練不練功夫？

答 目前在指導功夫。我原學北派少林拳，可是學少林功夫必須有極大的體力和耐力，非一般人能吃得了苦。像站樁，站個十分鐘就令人受不了。現在指導的是太極拳，這種運動比較適合大眾，老少咸宜。

問 **林先生還發明了鐵鞋，請問您怎麼會想到發明鐵鞋？**

答 練武的人腳要綁沙袋、鉛塊，可是綁太久阻礙血液循環，我就動腦筋改良。開始的五、六年，想不出好辦法造出一雙重量夠，合適且耐用，能常久穿著的鞋，不是皮革裂開，就是鞋繩斷掉。嘗試許久後，發現用象皮做，效果最好，韌度強，厚度也夠，可用牛皮代替，繩子則要特殊製造的繩子。

問 **您整天都穿著鐵鞋嗎？不覺得又重又累人？**

答 我大都的時間穿著鐵鞋，穿久了就習慣了。

問 **這種鞋購買的對象，是哪一些人？**

答 親友。大部份的人無太多時間做運動，買鐵鞋當便鞋穿，做為日常運動的器具。有的買者是體專學生，或職業運動員，用來訓練他們的重力耐度。

問 **請問林先生有幾個小孩？**

答 兩個，一男一女。

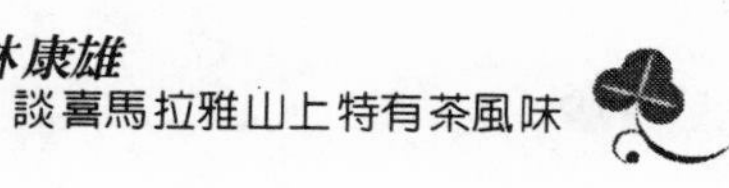

問 **小孩的興趣是不是受您的影響，能不能談談您的教育方式？**

答 小孩的興趣多少受些遺傳，而我主張隨小孩自己的興趣發展，從旁輔導，經常帶他們到戶外走走，接觸大自然，做些有意義的活動。

問 **林先生最近有沒有什麼新計劃？**

答 像以前一樣，做治療工作；帶學生採標本做研究；推廣野外求生知識，減少山難等意外事件發生等對大眾有益處的活動。而且我曾協助福和國中成立野外植物園，現在已擴大為一千多坪，我希望這種有意義的工作能繼續獲得支持。

問 **最後請問林先生對茶藝的看法。**

答 我是鼓勵大家喝茶，至於茶藝是應該推廣，我們不能給外國人笑話，喝茶的民族竟不懂茶藝。現在茶藝館算是新興行業，假使一窩蜂的開業，容易失敗，除非先天條件的優勢，不然不要冒然開茶莊、茶藝館。還有茶藝館賣高級茶是可以的，像咖啡店賣名牌咖啡，讓喝茶的人能從茶藝館那兒喝到好茶。

李勝治
【茶專員】

談製茶賣茶買茶

茶業是一項古老的行業，過去從事茶業者大都是傳襲下來的。近數十年來，由於社會的變遷快，能夠從小像學徒式的跟著老師傳幾十年而不改行，又能成功，並不多見，李勝治是其中之一。

李專員十幾歲的時候開始做茶，到現在已經三十年了，從做茶而賣茶，又從賣茶而買茶。到如今，他是天仁茶業公司的採購專員，一年四季，大部份的時間都在茶山上跑，三十年來台灣茶業的興衰消長，李專員看在眼裡，也親身經歷，請他來談談現代茶業史，有很多寶貴的參考價值；雖然李專員是一位做事嚴謹，態度認真的老茶師，但是對於朋友卻非常熱忱而謙虛，在兩個多小時的訪問中，李專員一再勸茶，一再打電話求證他所說的有無差錯。

＊　＊　＊　＊　＊

問 **請問李專員您與茶結緣有多久了？**

答 已將近三十年的時間，從製茶到現職的採購專員，茶在我的生活裡佔了很重要的地位。

問 **請您談談以前喝茶在一般人的生活裡佔有什麼地位。**

答 差不多在民國50年左右（我是民國34年出生），製茶沒有現在進步。主要是經濟不富裕，百姓過得較清苦，全省務農的人口多，普遍性的生活水準不高。當時的人認為肚子能填飽是第一優先，其次才會考慮到喝茶的問題，有時三餐不繼，吃的是蕃薯加米飯，根本沒有想到買茶來泡，所以喝茶是次要的事。

問 **請問現在的茶價與以前的茶價，是不是有很大的差別？**

答 以前的茶和現在的茶比較起來，身價懸殊。和社會經濟成長情況有極大的關係。現在的茶，一斤的價錢就可換好幾斗米，以往好幾斤的茶，才能換一斗米。在二十年前物價平穩狀況下，茶一斤大約是新台幣十八元，豬肉一斤四十元，兩斤的茶相當一斤豬肉的價錢。那時過年過節才有機會吃豬肉，可是今日相等量的茶價，大約一千元左右，可買十幾斤的豬肉。

問 **請問李專員，過去的好茶與壞茶在品級上的差別如何？**

答 在過去所謂好壞茶之分在價格上沒有多大差別，一斤約相差在五到十元間，在品級上就算是差別很大的了。目前，市面上的茶，有千元以上的，也有幾十塊錢的，銷路都不錯，這和政府對茶業的重視，對茶種的改良，以及製造上的改進有很大的關係。

問 **所謂好茶它的生長環境，需要有什麼條件？**

答 好茶的先天條件很重要，茶園的排水要良好，高海拔的山坡地是最好的環境，加上現代品種的改良，技術的進步，茶的品質愈來愈好。

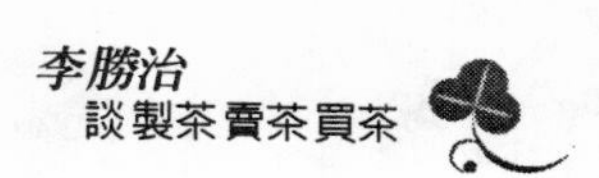

問 **從前製茶和現在製茶有什麼不同的地方？**

答 在程序上，老式製茶和現在製茶無多大差別，但是工業的猛進，製茶方式也不免以機器代替了人力。

問 **請李專員談談機器在製茶過程中扮演的角色？**

答 例如：殺菁機，小型的可容納十到二十斤的茶菁，有半自動和全自動兩種機型。以煤氣做燃料，溫度可控制自如。殺菁接下來的一個步驟是揉捻，其目的是將剛炒的茶葉的苦澀去除，同時除去茶部分的水分。揉捻機的發明，使茶葉不必用腳踩踏，揉捻速度也增加。

揉捻後的處理是脫水，即第一次乾燥，現在使用乾燥機以代替老式木炭焙籠速度增快許多。

整型有整型機，為使整型順利，要讓茶葉柔軟，所以要把握溫度高低，或再放入殺菁機內加熱。

烏龍茶、鐵觀音和松柏長青茶（以前稱埔中茶，因埔中村而得名。民國64年蔣經國先生改稱之為現在之名稱）屬半球狀或球狀茶葉，必須於第一次乾燥之後，經整型機的定型處理，然後再做二次乾燥。

問 **請您談談老式的製茶情形。**

答 從前殺菁用具是鍋爐設計，不做茶時，是用來煮牲畜的食物——蕃薯葉、野菜等。而炒茶時，得用手翻動，速度非常慢，燃料是木材，溫度不易控制。過去雖然也有揉捻機，但是動力來自手搖。一般揉捻都是用腳來回踩踏，很不衛生，速度慢，和新興的方法相比，那就差別很大了。

若以古老的方式，整型的時間差不多要花十小時，其方法是將殺菁後的茶葉，用一塊布包裹成球形，不斷的搓揉，揉後打開包茶菁的布包，重新包緊再搓揉，循環大約十多次。目前，木柵地區製鐵觀音茶還用此法做茶葉整型，製球狀形的茶葉如用此方式球狀才會緊密。目前松嶺及凍頂地區均已改為半球形的製作法，可以節省很多時間。

問 **依李專員前述所說，在第二次乾燥後要不要再做什麼手續，是否就焙乾完成製茶工作？**

答 在第二次乾燥後只是粗製完成，要再經過精製及烘焙的手續。

問 **在今天是不是也以機器代替焙乾的工作？**

答 是的。電子烘焙機已取代老方法中的焙籠，方便又迅速。

問 **焙籠是怎麼樣的一個器具？**

答 焙籠大部份是由竹片編製成圓形的器具，焙籠的使用是將茶散置於其中，然後再置於焙灶上面，溫度是用木炭做燃料來控制，以前較具規模的製茶廠，有專門使用的

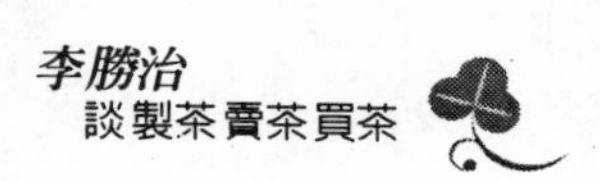

培灶。所需熱度要溫和，溫度的控制全憑手的感覺，每經約三十分鐘就得拿下來翻動，如此反覆的進行，茶葉差不多需要在焙籠中焙八小時，然後，將茶葉拿出來陰涼，即是成品。

問　現在製茶所需時間和以前製茶所需的時間，大約相差多少？

答　今天由於製茶技術的改進，從採茶到成品一貫而成，大約需時二十四小時。過去以人力為主，所用的時間至少要兩倍多，才有成品出現。

問　請問李專員，製茶技術對製作出來的成品是不是有很重要的關係？

答　要做「好茶」，除了先天條件，天時、地利給的優點外，技術和製造過程，對成品的影響也佔很重要的地位。

問　請問那些技術問題在製茶過程中有決定性的影響？

答　首先是溫度問題，製「好茶」的先決關鍵在此。其次是萎凋要恰到好處，除了時間的控制，室內溫度大約在23℃左右最適合。假使氣溫太低，茶的香味就溢發不出來，溫度太高，味道則差。

採茶的時間也相當重要，一天中太早去採收不好，早晨十點左右到下午三點以內的時間，陽光正瀰漫整個地面，採茶最好。選擇的茶葉不要太嫩或太老，採下的葉菁應立即送到工廠進行日光萎凋，此即製茶的開始，直到成品，一刻也不能疏忽。

做日光萎凋時，茶菁不能曬太久，而且要翻動。室內萎凋第一、二次動作要輕柔，不時地注意茶菁味道的轉變。從日光萎凋到室內萎凋完成大概需時十個鐘頭，而且此時茶菁在不斷發酵，不要隨便動它，再過約三小時後聞起來，覺得沒有菁味，而有清香之感，再等到有一股類似蜂蜜的味道出來，就可以殺菁，這樣做出來的茶才會最好。

問 如果要做一個製茶師傅，必須具備那些條件。

答 做一個製茶師傅的條件，必需眼睛、鼻子、口的靈敏度高，動作俐落，不一定要年紀老才能做出好茶，年輕人用心學習、體驗，也可做出好茶。一個真正用心的做茶師傅，能找出所做的茶的優缺點，不祇喝自己做的茶，也要保有彈性，時時學習的精神，喝喝別人做的茶，並收集資料，以求改進。

問 在過去，茶的銷售情形好不好？

答 過去，茶的銷路不穩定。茶商或茶莊向茶農買茶，僅看其外表做得好不好，至於茶好不好喝倒是其次，價錢的高低都差不多。有時，這種買賣還要看交情，不然茶農的茶根本賣不出去。有的茶農只好自己拿到街頭賣。

過去賣茶是用紙將茶包得方方正正的，中間繫一條繩子，這種包法還要經常包的師傅才包得漂亮。茶農挑茶下山去，一斤兩斤的賣，比起現在等著買主上門採購的情形辛苦多了。

問 **那麼一般茶商買回來的茶，有沒有再做處理？他們銷售情形好不好？**

答 他們大都簡單處理一下就出售，因為銷售不平衡，一般小茶商也沒有大資本，買一批賣一批，等賣完再向茶農買。銷售得快，隔幾天又採購，有時銷售得慢，品質就呈現不穩定的現象。

問 **我們知道李專員是採購專員，做一個茶的採購專員，身負怎樣的責任？**

答 身為採購專員，對茶是要相當的知識，對季節及氣候的變化要了解，而且在採購時要把握原則，對茶不對人，只要品質好價錢一定高，這樣可鼓勵茶農多花點精神做好茶。身為採購者，採購時要細心的取樣、沖泡、品嘗，然後合理的鑑定出合理的價格，這樣對生產者及公司才有交代。

問 **請李專員談談採購茶的大略經過？**

答 去採購茶葉時，先要求茶農將茶樣品的種類、編號並將有關資料分錄於卡片上。為節省時間，最簡便的判斷方法是用手抓茶葉，感覺它的質感，聞它的氣味，以這種方法來斷定茶的品質有70％的準確度，依此來考慮要不要從茶農處買這種茶。

問 以您所說的方法，區別茶好壞的標準是什麼？

答 依多年的經驗，好的茶以手握就有不同的感覺，在一大袋茶中，要上中下層各抓一點，看其成份是否相同。至於它的氣味如何？要聞起來有一股清香的味道。製造過程有缺點的茶，在溫度不穩下所做的成品，會有異味，像焦味或菁味。

問 除了前面說的評定茶的方法，還有沒有其他方法？評定後如何達成交易？

答 另一個方法是品試，這樣就得每種茶都泡一泡，最好要每杯的重量相同。採購者在未喝前，要先聞其香，依此知道它們好壞的程度可達80%。在茶的種類太多，無法每種都品嘗下，用氣味來判斷，是淘汰不理想的茶的方法之一。

採購者的情緒不佳或感冒時，品嘗會有偏差，所以採購專員帶有若干助手，協助秤茶、煮水、泡茶、作資料等工作，並將各自品茗的結果做成報告。綜合幾人的成果做最明確的選擇，同時採購專員也帶有樣品，以便在品試時做比較，最後才與茶農談價錢。談妥價錢後，將預訂的茶保留一點點當樣品，等所定訂之貨送達時，要與樣品比較，是否與當時所預訂的相同，一切沒問題，交易算是告成。

問　茶葉採購回來，還要經過什麼處理手續？

答　採購到的茶葉，都是粗製茶，而且是在好幾天內所購得的，其茶所含的水份不一樣，所以相同用途的必需全部混合乾燥一次，然後再經過拔梗、烘焙、精製、包裝等等的手續。此時茶含的水最好是4%以內，不管茶農將茶葉的水分縮到百分之幾，都要將茶葉水分縮到4%以內，這樣才能保持品質穩定。

問　請問李專員茶的價錢，從茶農處採購回來再加工、出售時，有沒有很大的起伏？

答　茶在採購時的價錢，如果一斤以千元買入，經過處理後，其量大概減少五分之一。也就是一百斤的茶，可能成品有八十斤，如此成本就必須提高，賣價需加個兩成才會平衡。而且還有20%管理費用，這還是具相當規模的茶葉組織才達此比率，結餘之純利率大概10%左右。向茶農購買時的價錢，好一點的上等茶，除了它的品質好以外，出售時的包裝，也要相當嚴謹。像天仁出品的天霧、天廬茶，罐上蓋有公司各級主管鑑定的印，以示慎重、負責。

問　採購茶，對經驗豐富的李專員而言，應該是件輕而易舉的事。

答　做一個採購專員，工作不輕鬆。採購茶葉，可能尋覓了兩三天，祇看到普通的茶，買不到理想的好茶，有時一日之間就有很大的收穫。為了買到好茶，對茶價的定估選買是有相當的決定權力。

如果茶農的茶真的品質確實不錯，用高價買入，是有鼓勵作用的，這樣才能提高茶農們製茶的品質。

問 **最後請李專員談談做一個採購專員的感想。**

答 我最深的感觸是茶和酒還有香水的等級，都是來自人們的主觀意識，積眾多人的意見，訂定了不成文的選擇方向。因為沒有更科學的方法可以來代替品試這些東西的好壞，所以採購人員成為把關師傅，從許許多多的品類中，挑出人們喜愛的品種，肩負之任務，不可謂之不大，因此我們在經驗中精益求精，以期為愛喝茶的人選到可口的好茶。

林二

【電腦音樂家】

談喝茶與歌曲創作

林二博士是知名的電腦音樂家，原來他是學電機的，自台大電機系畢業後，前往美國研究音樂，而享譽國際。

近幾年來，他卻從最前端的電腦科技中返回傳統的茶藝，熱衷於茶藝音樂的研究，喜歡品茶、喝茶，為推動茶藝文化活動，更是熱心奔波。

林二博士是一位隨和且富機智的學者，以他受過嚴格的科學訓練，理性的思考方法，請他現身說法來談談茶藝這充滿神秘色彩活動，聽聽一個高級知識份子對茶的看法，相信以正確的觀念來喝茶、討論茶藝文化，是很有意義的。

＊　＊　＊　＊　＊

問 大家都知道您是國際知名電腦音樂博士，作爲一個尖端科技人物，請教您對茶的看法？

答 說來慚愧，個人對茶一點都沒有研究，到目前為止對茶的分類仍不甚明瞭。以前在美國，看到外國人喝紅茶時，都加糖，加牛奶，所以當時有朋友送我烏龍茶時，我也如法炮製。最近幾年，開始對茶比較關心，才明白烏龍茶適宜熱飲。

問 請問林教授是什麼原因使您關心茶呢？

答 三年前，因為發胖，患有糖尿病，朋友勸我喝白茶，當時放棄了三餐，幾乎什麼東西都不吃，只是不斷的喝茶，隔了一段時間，身體瘦了下來，血糖降低，沒想到心臟卻跳動得很厲害，造成心律不整的現象，甚至曾經昏倒

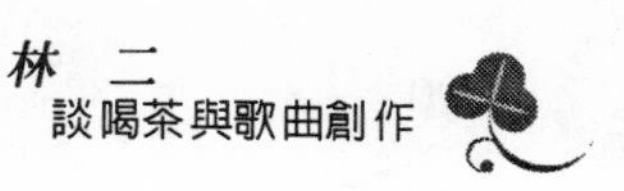

過，連忙找醫生檢查，醫生也查不出結果來，最後認定可能是空腹喝茶引起的。經過那次教訓以後，開始注意喝茶的適量問題，再也不敢拚命喝茶。目前每天喝一定數量的茶，空腹時儘量不喝，而且改喝烏龍茶。

問　對於目前的茶，請問您有什麼看法？

答　為了想多認識茶，我買了不少的茶書來看，發現書中並沒有用科學的方法，把茶分門別類，因而對茶的特性至今還不太瞭解。由於曾在日本住過一段時間，對綠茶比較有概念。台茶的命名方式，有的按照地名，有的則以製造方法來命名，形形色色，極為混亂。我希望將來有人能出版茶的專書，讓人一看就明白茶如何分類？同時對茶與健康的關係詳加說明，唯有這樣，才能使人真正享受到茶。

例如：烏龍茶是否只有台灣才有？怎樣才算是真正的烏龍茶？恐怕只有做茶人才知道。我認為做茶的人不妨將這些知識，印成書籍，廣為流傳，如此才能普及整個社會。假如茶像音樂一樣，很快讓人享受到其中的美妙，自然會使人有愉快的感受。

問　我們都知道林博士跑遍了將近八十多個國家，請問世界各地飲料中，有那幾種是您印象較深刻的？

答　我經常有機會到各地訪問，參加會議或講學，喝了各種不同的飲料，當然可樂是世界上最普遍的飲料，我們可以略去不談。

在其他飲料方面，土耳其的咖啡，又香又濃。日本的玄米茶，在夏天喝了不會口乾，又香，又新鮮，又好喝。除此之外，日本的綠茶、決明子，風味也很特殊。最近，發現台灣的烏龍茶滋味極佳，這些都是我印象比較深刻的飲料。

問 能否請您談談自己喝茶的經驗？

答 小時候，我在日本度過，到初中才回台灣，在日本所看到的是綠茶。回國後，在建國中學、成功中學、台大電機系求學，在這段成長的過程中，根本沒有注意茶的問題。出國留學後，在美國看到人喝的是加牛奶及糖的紅茶，有時朋友送我茶，就糊裡糊塗的泡來喝，剛才已經提到過，那時我並不懂怎樣喝茶，不管什麼茶都是加牛奶、加糖、冰凍以後才喝。

幾年前，因患糖尿病緣故，使得脂肪血糖過多，人也逐漸發胖，朋友勸我喝白茶，卻因喝得太厲害，喝出了問題。才知道茶不能隨便喝，要有一定的節制。現在我已不喝白茶，大都喝烏龍茶，脂肪減少，血糖降低，不必再服藥。現在平均一天喝一大杯茶，夏天喝得較多。

問 請問林教授，您對喝茶的方式有何意見？

答 功夫茶的滋味，確實不錯，特別是烏龍茶，無論香氣、滋味，均屬上乘，不過泡功夫茶，比較不方便。

台茶種類繁多，各種茶有不同的泡法，且要注意水溫，

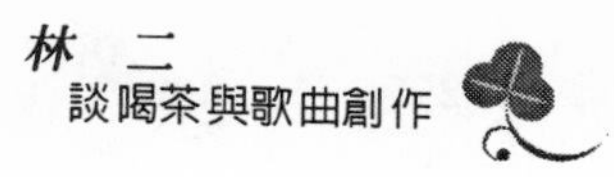

置茶量也因茶而異，且須以表計時，對現代人來說，的確比較麻煩，最好能研究整理出一套簡便的方法。

問 **我們在喝茶時，是不是也可以將電腦加以利用呢？**

答 我相信可以把茶的形狀、色澤、成份、製造方法，如何分類等問題加以歸納，且作有系統的整理，那麼便可以將資料輸入電腦，人們便可以迅速查出茶的泡法或者是其他與茶有關的問題。

問 **目前已是第三波時代，講求速度，而喝茶卻需要慢慢的思考，是否會與現代人的生活發生衝突或矛盾？**

答 我想是不會的，雖然已經是電腦資訊時代，工作忙碌的人們，仍然需要喝茶來平衡身心，假如人像機器一樣，從早忙到晚，容易生病；而喝茶不但可以維護身體的健康，也能調劑精神生活。

問 **請教林教授對茶藝的見解如何？**

答 學科學的人，多半講究事實。以前看日本茶道，很不以為然，覺得人們沒有必要用那麼多的時間來進行茶道，最近才發覺，茶道確有存在的價值。

當我練氣功以後，指導老師鼓勵我喝茶，撇開喝茶對身體健康的好處不談，個人有一個感觸，那就是茶對修身養性幫助極大。學了中國功夫以後，才明白茶道的優點。

我因為喝茶結交了不少朋友，他們都是有學問，有修養的人士，也懂得生活的藝術。所以，我認為人不論有多忙，都要抽個空喝茶，我也常到廟裡喝茶，相當有意思。我建議人們不妨以喝茶的態度來體驗人生。

問　林博士是不是可以從科學立場來看喝茶與健康的關係？

答　對我個人健康而言，茶是很有幫助的。不過，有一點要特別注意，必須懂得如何飲茶，利用茶，千萬不可以誤用，否則會出問題。

我曾經一再的提到三年前，個人為了減肥，降低血糖，有將近半年的時間，什麼都不吃，除了不斷的運動，又喝了大量的白茶，起初效果很好，人雖瘦了，血糖也跟著下降，可是五個月以後，心臟不但不正常，而且很不舒服，以後就不敢喝太多的茶，最後才明白這是我不懂喝茶的緣故。

我們必須以正確的方法來飲茶，那樣對健康才有益，而且能夠緩和人的精神，不妨把喝茶當作生活的一部份，有朋友來時泡泡功夫茶，精神會更愉快。

問　請您談談喝茶與現代生活的關係？

答　我認為喝茶對身體及精神生活都有好處，人人都應當喝茶。有時覺得喝茶與人生好像很接近，但是又不夠密切，茶一直存在於我們的四周，到處都有茶，反而容易被忽略，感覺上與生活並沒有很大的關聯。

問 **究竟應該怎麼做，才能使茶與現代生活發生密切的關係？**

答 我因為喝茶而生病，也因為喝茶而健康，茶經常會給我帶來靈感。最近我常常喝茶，所以茶又給我帶來新的靈感，為了讓更多的人認識茶，一定要想辦法推動茶藝文化。我發現過去在音樂上提到喝茶的並不多，倒是美酒、咖啡常被人們選作歌曲的素材。我想以音樂來推動茶藝，必然會有很大的效果。所以我從喝茶中得到靈感，想藉著音樂的力量，使每個人很自然的認識茶，慢慢的就會對飲茶重視，而且關心茶藝。於是，我創作了兩首茶歌《老人茶店》、《茶思》。過去的茶園山歌，不論是國語、閩南語或客語發音，都只提到採茶，茶在山上，所以叫做山歌、或採茶歌，真正有關喝茶的音樂卻很少。謝副總統聽了《老人茶店》以後，曾提到這首歌不一定只是老人的茶歌，而是大家的茶歌；另一首《茶思》則希望茶能成為人們思想及生活的一部份。

我想人人喝茶，必定會擁有健康的身體，同時也會有美滿的精神生活。

問 **請教林教授對於有關喝茶的音樂方面有何計劃？**

答 希望除了已經完成的兩首茶歌外，能創造出更多與飲茶有關的歌，個人並非作詞家，希望專家們能構想出適當的詞，讓我多譜一些曲，創作出更多的飲茶歌，發揮茶與音樂結合的效果。

陳景亮

【茶壺亮、亮茶壺】

談台灣茶壺的發展方向

陳景亮是一位很可愛的人，他充滿理想，並且執著於理想。他熱愛自己腳底所接觸的泥土，自己形容自己是一位陶醉於走泥的人，並且期待自己以走泥者的苦行，走出台灣壺藝的光輝。

認識阿亮已經將近三年了，初次見面是我主辦「茶藝文化再出發」座談會上，也是我首次見到一位年輕一代知識份子能專心沈思茶壺的藝術工作者。近年來，茶藝風氣興盛，壺藝的關注也因而倍受矚目，但是現實功利主義盛行，人人都徵逐於利，只見「製」壺，不見「作」壺，那一類壺的市場好，即一窩蜂的仿冒跟進。台灣除了早期「老東陽」之外，少有屬於台灣現階段的創作壺，造形不是仿古、就是以仿宜興為榮。我們相信，也肯定宜興古壺或現代壺它的特色和優點，但是那是在宜興用宜興特有的泥土、方法作的。我們在台灣，用台灣的泥土來仿製宜興的壺，如何能反映和代表此時、此地的時代背景，將來台灣壺藝史上如何來安排這一段呢？

因此，對於阿亮能獻身於台灣壺藝的發展，以「走泥者的苦行」，不計較別人批評自己的壺是糊裡糊塗的「糊」，堅持自己的創作路線，精神可佩，相信阿亮必能為台灣壺藝史留下光輝的一頁。

阿亮為了沈思壺藝的創作，經常不眠不休，因而阿亮的每一個壺都代表著每一種意義，不僅在功能上考究，合於人體工學和整體美學，而在個別上也強調古樸無華，每一個壺都是阿亮運用了他那雙靈巧的手，精絕的拉坯技藝拉出來的。

有人說：阿亮的壺藝創新，在中華民族文化藝術的大傳統下，不僅代表了現在，而且連綴了過去，並暗示了未來。他將傳統的製壺技藝，凝聚了思想力量，重新整合，表現出藝術創造活動轉移的生命力，給久已停滯不前的壺藝製作，帶來了一線生機。這是現代陶藝名家宋龍飛先生對阿亮作壺的評語，肯定了阿亮近幾年來創作壺的努力方向。

阿亮於1953年出生於台灣南端的屏東，國立藝專畢業即陶醉於茶壺的創作，曾經到台灣北部的鶯歌追隨老師傅學習作壺，打下傳統的根基，然後回過頭來決心為現時代的茶壺開創新局。

許多年輕朋友，都有一種感覺，為什麼沒有更多的人來欣賞現代屬於自己的藝術作品，仍然一味的陶醉在過去的老骨董中呢？乃是現代的藝術工作者缺乏思想所至，一方面也是受生活所迫，為了眼前的現實利益，不得不走上以抄襲仿冒來得到迅速的報酬。如果能多幾位像阿亮這種以「走泥者的苦行」的出世思想創作入世的藝術，相信台灣的壺藝將很快的走出一條光芒萬丈的道路。不必再以託朋友到國外或到香港買到一把宜興壺而沾沾自喜。

為了想讓更多的朋友瞭解和認識阿亮創作壺的心路歷程，和他對台灣壺藝的發展方向，特別走訪阿亮所租賃居住的「和平茶寮」，請他談談創作壺、養壺的看法，好讓喜歡

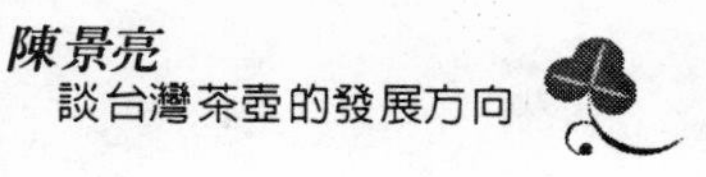

養壺的人知道應該用青草還是用大肉來養壺，並能進一步瞭解這位從事壺藝多年、承襲唐山老師傅拉坯技藝，上承宜興之脈，卻獨創作風，實用上反叛傳統，重新造作，建立茶壺新的定義、新的理論的「茶壺亮、亮茶壺」之稱的阿亮——陳景亮。

為了讓讀者對「阿亮」有進一步的認識，下面先簡單介紹阿亮的成長過程：

1980年的一把啟蒙壺，無簽名日期。自此以後的壺都簽上景亮或阿亮及年代。

1981年：作手揑疊泥片壺。

1982年：開始作品逐漸多，其中一把「懶人壺」，打開阿亮在壺藝界的知名度。這把「懶人壺」有三個特點：免開蓋、蓄熱、免破蓋。

1983年：玄機壺創作出來，並得到專利十年。

1984年：搭蓋壺、好年頭壺、東坡壺、火雞壺、儀心壺、善果、扁平壺、星點壺、義氣壺等作品完成，並開始創作火旺風爐。

1985年：二段式、三段式風爐作品完成出品，並於三月在台北「春之藝廊」舉行「創作展」。

* * * * *

問 **請問陳老師，如何選擇一把壺？**

答 首先要看你是要選擇什麼壺？是觀賞壺呢？還是實用壺？

觀賞壺是以骨董或藝品的角度來看，實用壺是要以使用的角度來看，兩者有很大的分野。

問 如果純以茶藝的立場，就泡茶來說，應如何來選擇一把壺？

答 首先看土胎，其次看壺的大小。第三是檢查有無瑕疵。第四是看流的出水情況如何？第五，看壺身和壺蓋是否密合。第六，看做工是否細緻。第七，決定買它之前，先倒一壺水試試看，你滿意不滿意。

問 如果想進一步玩壺的人，應該怎樣來開始才好？

答 先買實用壺，但不要在地攤上買那些有名堂的壺，仿什麼名人的作品，年代有多久遠的。

家裡有了很多壺之後，在同樣一種屬於紅土的壺當中，你就會很挑剔起來，你仔細的端詳來判斷色彩，以肌裡的方式來看該壺，含FeO多少？就是紅土，雖然同樣是紅土的，您也就會分別那種是土質？那種是外紅內紫？經過一段時間之後，你才有一個方向，才開始玩壺。

玩壺的人，本身心態上也要有藝術修養，氣度也要夠，才能瞭解一個藝術工作者的修為。

問 茶與壺有什麼關係？

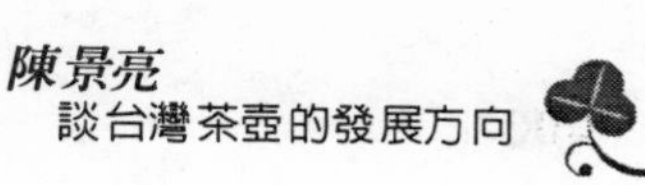

答 茶與壺有很大的關係，壺、水、茶是一體的，而問題的核心是感情。

我們知道，蓋杯不挑茶，茶挑蓋杯。但是，用起來就有不同的感受呢？這就牽涉到情感的因素。所以感情是使茶葉發揮到最高點的主要因素。

茶、水、壺三者本身本來就有關係。如果加上感情的話（指人與壺的感情），物理的理論就懂，因為你有感情，就會關心它，研究它。對壺的瞭解就是感情。

問 **如何養壺呢？**

答 首先，我們先對「養壺」下一個定義，養壺是心的安置，其中包括文化、藝術等等，即所謂「文化肚子」。第二是壺的成長是不斷的修習得來，就像老厝的磚一樣，經過無數的風雨才有溫潤的感覺。因此——壺不要硬養。泥土在你的手上會自然成長，也會和主人一起成長。

人必須在不需憂慮開門七件事之後才會有藝術，養壺和主人的修養有關，秀才養的壺和殺豬的人養的壺，它的品味就不同。

就從物理的眼光來看：泥土也會時有氧化的現象。因為FeO會氧化。泥土本身有各種雜質及很多不知道的內容，本身也會生鏽。茶裡的鹼和壺的胚體接觸而發生變化，自然而然的改變了壺胚的結構。

問 **請您談談玩壺的益處。**

答 玩壺是中國人的情緒，玩壺原來是愚蠢的。但中國人是以情緒來生活的民族，很少國家以生活工具搏得那麼大的藝術。中國是器物王國，每一種器物都有它的名稱和意義，瞭解陶器就能瞭解人民的生活。一個茶壺的故事，就是人民生活三、五百年的故事，它的內容包括：民俗、器物、茶等等藝術文化在內。

當你不斷的擦拭壺，小心的端詳你的壺時，可以安定你的情緒。如果在外面受到挫折回到家裡，把你的壺拿出來擦拭把玩，可以很快的把心情安定下來。

問 **那麼玩壺有什麼應該注意的事項呢？**

答 第一：不要沒有方向的玩。

第二：不要走火入魔，到處在找台灣有那幾把壺。

第三：手上有什麼壺就玩什麼壺，進步是跟隨著自己的氣質而來的。

問 **請問壺大概可分那幾類？**

答 大致來說，我把它分為：

一、產量壺：供應大眾，可以人手一把，要多少就有多少的壺。這一類的壺較無氣質可言，用模子生產。

二、產品壺：希望將壺建立工廠的風格、水準，有製作

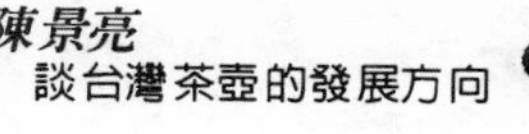

方向，有仿古方向，也有創新方向，兼顧實用和趣味，有點藝術氣質，也注意市場的需要。

三、**作品壺**：以做壺為樂事，有意義的設計，講求技術和藝術的創作，不受商業的干預和指導，完全為創作而創作。這一類的作品壺不容易得到，因為它是無價之寶。

問 **請您談談作壺的心得？**

答 我決定作壺是為自己而創作，不為市場或外界需要而做壺。人自生下來，雙腳踩在泥土上，就以玩泥巴為樂，在有所感觸時，就會捏泥巴，人類最原始的創作素材是泥土，而生活資料是從泥土得來。

我生之於台灣，熟知台灣香樸的泥土，我向鶯歌老師傅學作壺，深知走泥者愛泥如墨的心理。於是，我俯拾親泥，決心用自己雙腳所踩到的泥土來作壺，創作出屬於現時代的壺來。期待以走泥者的苦行，走出台灣壺藝的光輝，讓壺在中國文化的園地裡長出新芽來。

問 **請陳老師談談目前台灣壺藝的發展方向和未來的展望。**

答 台灣目前茶藝的方向已經錯了。

一、台灣壺的發展一直在宜興的陰影籠罩之下。新時代應該有新時代的理論。二、三百年前來的理論，明朝時代的東西，早已經是博物館裡面的東西了，為什麼還一味的模仿呢？

二、希望有更多的人來創作台灣的壺藝作品。例如文建會可以出面來主辦台灣壺藝創作展，發揮帶動的力量，讓大眾由不認識到認識，進一步由認識而接受。

附　錄

我的作壺要則　陳景亮

吾為器物王國，把玩之精者，賞求之終者，非為其他，卻是人人盡知的壺藝。品壺之道百家爭鳴，聽聞甚多，而我最喜歡的一句是「理趣兼顧」。日積月累的弄泥經驗，總覺得這一句其知也易，其行卻難。因此將多年的工作所得，歸納了十四個要訣，為我始終顧慮的守則；好、薄、密、平、順、停、妥、穩、柔、雅、堅、沈、長、厚。若分理趣，則前九項為理之目，後五項為趣之目。依次解釋如下：

一、泥要好：

泥質千百種，皆可依其火度燒結成陶，但泥質的個性，影響壺質的肌理與色澤，唯有依匠人經驗尋得可發揮的泥質，方能得心應手，是以陶人惜泥猶如文人惜墨。

二、坯要薄：

坯乃壺體之厚度也、坯體的厚薄不但關係了壺體的重量，影響了使用的手感。也關係了蓄熱時間的長短，影響了發茶的效果。

三、蓋要密：

有謂「作壺難為蓋」這個無法用微米（m/m）可以規量的直徑，卻是古來每一位製壺者，逢壺必經的頭痛項目，蓋密則不失雅，蓋鬆則不配。蓋緊能團肚，間縫則走閒氣。

四、沿要平：

沿者，蓋之承也，既是承，必是二片合吻的關鍵。沿承平整，外水不侵，沿承凹凸湯水混入。沿承密平，不但每旋必合，且每方必穩。沿承曲翹，不但安置難求，也潑水搶流（不知是流注水，還是蓋潑水）

五、流要順：

好的壺，水流三寸不波濤。這是大家冀求的條理。流之根為喉，喉氣通則流注暢，流注暢了，茶注如玉柱，晶瑩剔透，光潔亮麗好不誘舌。喉氣不通，斟注不易，流注則不必言了！！

六、口要停：

流之唇為口，別輕見這小小的唇圈，它不但是流注大小的扣環，也是流注收勢最後一滴的關口，收勢俐落，停水乾淨。收勢不清，口水不斷，濺滿衣袖、潑灑方台。

七、耳要妥：

人之聽聞者，在耳也，壺之觸覺者，亦在耳也。賞壺，用壺首觸及者，莫不以耳先。耳的長短支配了造形的貼妥，也關係了壺身的氣韻。耳如妥則架構流利，增一分太長、減一分太短。黏於壺而不見其形，藏其形而不現其聒，反之則不然，其扮演的角色真是妙哉！

八、提要穩：

「耳」為造形扮相，「提」卻是起動茶壺之功能，不可混同語之。吾人觸取茶壺謂之「把」壺，將之提動斟行之際，謂之「起」壺，製壺者非清楚劃分不可。

提之力學如槓桿原理，斟水之流口為「物點」，壺內移動並逐漸減少的水位為「支點」，則吾人把耳處即為「力點」了。而知，提要穩者斟行四方而不偏頗。提不穩者起壺不健，持拿下墜，每有不勝攜提之感。

九、腳要柔：

壺底藏千秋，也是品壺者每欲掀見真章者。鑑人由腳起，品壺由底尋，腳為壺身之收勢，亦是茶壺立身於方台之足。收腳大意，粗糙拙劣。收腳圓柔，則不但不刮方台，且含情幽柔，令人耐看不已。

十、身要雅：

謂壺者，有耳、有流者是也。配置三者皆可成壺，但若不清逸典雅怎可示人把玩？壺身的設計實乃壺體表現的語言。語言敘述其身份、內涵和氣質。敘述造作，流於粗俗。敘述灑脫，尋得清雅。壺不雅不登方台大堂。雅則不鄙、不依、獨立清高。

十一、火要堅：

這裡講的是陶瓷鍛鍊的火候。火候的變化是陶匠的工作裡最後追尋的陶瓷藝術。各種土質的燒結溫度不盡相同。窯燒的溫度與時間的長短，決定陶質的堅密與肌理。古壺能流

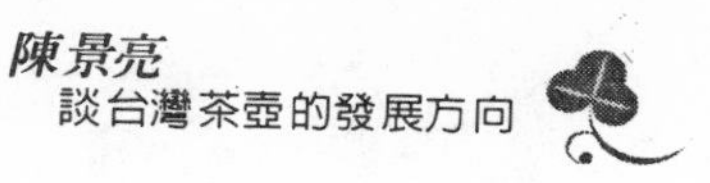

傳至今者；依舊鏗然如金石之音，即為例證，其鬆軟者，早已風化散形。火之趣即為陶之趣，亦是陶器能冠於金銀百器之因，陶器令人感覺細膩潤澤、生氣橫溢，光可鑑人，都歸因於火候藝趣。

十二、量要沈：

「量」為美學中所提出的視覺比重——量感。作品的色澤、造形、體積，三者在張力與調和力相除下，得到的比重是為量感。可見為壺不在大，在於細緻沈實。量感欲要沈實，則氣質不可浮誇，以免大而無當。色澤溫厚密緻，造形穩重有力，體積結實不誇，視覺量感必得沈實。

十三、氣要長：

壺的氣質表現在於品相，品相的好壞在於「風骨」。所謂風骨乃品相所蘊蓄的「氣」，風骨之於壺，猶生命之於人。人以氣為生命，壺以氣為風骨。《文心雕龍》中風骨篇有曰：「辭之待骨，如體之樹骸。情之含風，猶形之包氣。」氣不僅是作品的風骨。也是作家的氣質，但氣之清濁有體，不可力強而致。作品若能表現氣勢雄渾或體氣高妙，實乃不可多得之作。

十四、韻要厚：

氣所扮演的是品相耐看，韻所表演的是深厚耐味。無論任何藝術作品都講求氣韻，沒有氣韻便談不上精神。氣猶如人之呼吸，韻則如人之脈博，依其強弱之「勢」帶動所蓄藏的境界。使作品架構「牽引震動」引人注目。因此韻勢若能蓄藏深厚，便能提昇作品的「格」。綜合氣韻，則是「氣勢以高妙為宜，韻勢以敦厚為尚」。

以上所敘雖繁文累累，如僅是「理趣兼顧」的縮影，而古人早言，理趣難得兼顧，若欲取捨折衷，只有「捨理取其趣」。因為吾等講求的是生活情趣，若純求實用規理，則流入末流矣！

玩壺乃怡情養性之舉，賞壺先鑑陶，手中的陶件，不僅是實用作品，亦是走泥者一雙溫厚的手掌，在匠心辛苦燒熬下，蛻化而成的結晶。若不能賞及深遠的文化，只要泥色和皮質，不要結構和創意。只要形狀和來頭，卻不要藝術品味和內涵，大凡不過是遇物收置，聽聲而已！

鄭金連

【茶鄉鄉長】

談文山包種茶

坪林鄉長鄭金連是一位苦幹實幹的年輕地方首長，他對文山包種茶的品質研究和推廣工作，堪稱「茶藝鄉長」。我們為了進一步瞭解盛產包種茶的坪林鄉，特別走訪鄭鄉長。

* * * * *

問 **我們都知道坪林鄉盛產茶，請問鄭鄉長坪林鄉的茶園占地面積有多少？而茶齡又爲多少？茶農約有幾戶？**

答 本鄉茶園多分佈於私有林地內，小部份分佈於零散的國有林地內，全鄉茶園總面積約八百四十公頃，茶齡八年以上者有四百四十公頃，五年以上有一百八十公頃，三年以上有一百二十公頃，二年以下者則有一百公頃。茶農共有八百四十一戶，平均每戶佔地約一公頃。

問 **坪林鄉的特產是包種茶，請問其名稱是怎麼來的？**

答 包種茶名稱的由來，據說在最早時期，茶葉製成後，將茶葉每四兩一包，包在內外相襯的二張方紙上，摺成長方形的四方包，包外再蓋上茶名及嘜頭印章，因為這種方式就稱為「包種茶」，這個名稱一直沿用至今。包種茶的醱酵程度是屬於輕度醱酵，大約20至30%之間。

問 **請問鄭鄉長，坪林所出產的包種茶，它的茶樹種有哪幾類，主要以什麼品種爲主？**

答 坪林鄉的「文山包種茶」以「青心烏龍」品種為主，約佔55%，「青心大冇」品種佔20%，「大葉烏龍」品種佔10%，「武夷」品種佔5%，其他雜種（如硬枝、桂花

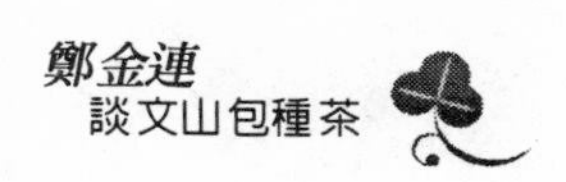

種、大舌尾種及紅尾仔種等）佔10％。一年共有五個採收期，自清明節過後到立夏這段時間是春茶，茶葉的發育最好，數量也最多，而後是第一季夏茶、正夏茶、秋茶及冬茶五期。

問 據個人所知，鄭鄉長是生於此，長於此，請您把文山包種茶的製造過程簡單的介紹一下。

答 其製造過程大致如下：

採菁→日光萎凋→室內萎凋→炒菁→揉捻→解塊→初乾→再乾→粗製茶→再焙→成品。

問 請教鄭鄉長，我們如何才能辨識文山包種茶，它有什麼特性？

答 坪林鄉出產的「文山高級包種茶」，是一種香氣特別幽雅而飄逸的包種茶。其外形條索緊結，由於炒製焙火得宜，乾茶色澤呈暗綠，並帶有點狀灰白，好像青蛙皮的顏色，茶湯則蜜綠、金黃。這種高香茶，貴在開湯後香氣特別高。飲用時，茶湯入口，先有一種幽雅敏銳的蘭桂花香經由口腔而透出鼻腔，使人覺得滿口芬馥，加上一種經由文火烘焙的香氣，使茶味甘醇潤滑。飲之兩三小杯，由於口腔和鼻腔的味覺感受與鼻腔嗅覺薰蒸，飲茶人真是享受到茶之真味。

問 對於坪林鄉的包種茶，鄭鄉長是如何來推廣，以及對於未來有何計劃？

答 希望藉著舉辦觀光茶園，達到推廣之目的。農業生產與遊憩活動互相結合，是都市居民所嚮往的生活體驗，這種觀光茶園具有生產性、遊憩性、推廣性及教育等多重目標，不僅可提供遊憩的空間，且同時可增加農民的間接收益。

在台灣地區，近年來因生活水準的提高，遊憩需求的迫切，已逐漸走向此目標發展，如大湖草莓園；木柵、南港觀光茶園；陽明山的果園；田尾的花卉生產專業區，甚至大型者如蕙蓀農場、武陵農場、清境農場等處，經常吸引了為數可觀的遊客參觀，這一類型的觀光農園已與全省各風景名勝地區同列為觀光旅遊勝地，且逐漸有超越之架勢，可見觀光農園深具發展之潛力。

坪林鄉因位區偏遠，地勢陡峻，歷年來仍以農業生產為主，其中尤以茶園之發展為主；若能舉辦觀光茶園，不僅能彌補其他農產品的不足，且更進一步使坪林文山包種茶獲致推廣成效，而與凍頂烏龍茶齊名。

問 鄭鄉長爲了推廣茶葉，計劃舉辦觀光茶園，是否談談坪林鄉的現況，以及各項工作如何配合？

答 為了配合觀光茶園的開發，選擇地點很重要，必須具有某些基本條件：

一、茶園的經營管理很好，耕作集約，勤於照顧，茶園的外觀非常整齊，能夠給予遊客良好的視覺觀感。

二、其他附屬設施的配合：

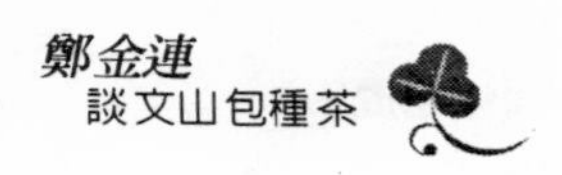

觀光茶園開發時，需有其他配合的附屬設施，方可提高遊客的參觀遊憩意願，所以需要有附屬條件的配合項目如下：

㈠選址園區內應有略具規模的製茶工廠及戶外曬菁場，以使遊客於參觀茶園之餘，可參觀製茶程序，瞭解製茶的作業經過。

㈡品茗亭、品茶間等之休憩空間、據點的設立：觀光茶園內應有適宜大小的腹地可供建品茗亭或品茶間，觀光果園內宜設置休憩空間及休憩據點，以便遊客於參觀、遊憩及摘採水果之餘有休憩的機會。

㈢茶藝館的設立：於觀光茶園中心地段，設立茶藝館以做為整個觀光茶園的中心。

以上兩點條件的配合，我計劃將會大力的推廣，繼而改善茶園的經濟問題，因而改善茶農的生活。

問 對於觀光茶園的設立，請鄭鄉長談談其特色。

答 各觀光茶園的設置內容，將依照遊客偏好、遊客數量及特性、觀光遊憩資源、實質環境、開發潛力及園區面積大小，分佈情形、集中或散置等因素，再配合各選定之觀光茶園或果園的位置，而可於各觀光茶園及果園內設置下列的相關設施，以建立坪林鄉觀光茶園的特色：

一、品茗亭、茶棚：提供戶外品茗休憩空間。

二、茶藝館：即茶葉博物館，提供各方面有關茶藝介紹、歷史淵源、製作過程、特色及現場品茗等多目標機能。

三、品茗室：提供室內品茗、休憩空間。

四、製茶工場：示範及現場製作茶葉以供遊客參觀。

五、茶樓：飲茶及提供品點處所。

六、休憩據點：觀光茶園內提供休憩據點以供品茗及休憩等使用。

七、茶浴間：提供以茶水沐浴的特色設施。

八、服務站：提供遊客各種採摘設備、醫療、茶水供應及休憩……等各種服務之據點。

九、販賣亭：販賣茶葉或其他必需食品、物品的場所。

問 **聽說鄭鄉長令弟鄭發財先生曾引進炒菁機，因而改善茶園生產及品質，更增加茶農的收入，請鄭鄉長談談其過程。**

答 製茶過程中，炒菁是最辛苦最重要的步驟，它是在停止茶菁萎凋及醱酵作用後，使用高熱急速破壞氧化酵素的活性，以保持鮮葉的各種變化在包種茶的標準狀態，茶菁經炒菁，使其組織軟化葉中水分適度蒸散，利於揉捻而不破碎。

炒菁不足時，茶葉繼續醱酵作用，葉柄易變紅，炒菁過度時，則水分蒸散過多，成茶色澤變黃，條索不緊碎葉增多，水色及香味均淡薄，茶葉品質因而受損。以前炒菁機未發明時，就必須利用手炒翻動，兩隻手浸於一、二百度的溫度下翻動茶葉，又不能燒焦，其辛苦可想而知，像我個人

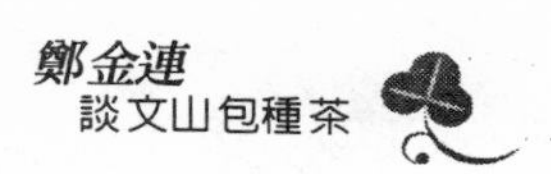

（鄉長）就是過來人，每一個採茶季節，我的手就會因炒菁起水泡，當水泡結繭時，新的採茶季又來了，兩隻手不停的忙碌。所以有炒菁機可以節省人力，更改善茶葉品質。

問 **坪林鄉的建設已步入現代化，請您談談坪林鄉的遠景。**

答 蓄攔南北勢溪充沛水量的翡翠水庫，目前正加緊修築中，預計在民國75年完工後，坪林勢必成為北勢溪唯一能保持原有風貌的地區，再配合茶葉博物館的興建及濃醇的茶香，將來在觀光及旅遊事業發展方面，必然具有光明的遠景。

問 **聽說鄭鄉長最近積極籌劃「茶葉博物館」，能否談談您個人的看法。**

答 坪林是文山包種茶的主要產地，滿山包種茶的茶香更是造成坪林鄉獨特的風格。「茶葉博物館」的設立，是要將坪林建立為觀光遊憩重點，例如觀光茶園、觀光果園、露營地等，並設立茶藝和茶葉解說中心，對茶的歷史和茶藝等作介紹，以吸引國內外觀光客。

喝茶可以增進人們的情感，使人與人間更為和諧快樂，更希望藉此推廣，改善自己的茶葉品質。

林勤霖

【現代畫家】

談茶與現代畫

△圖中右為林勤霖

林勤霖是我敬佩的朋友之一，他開神羽畫廊，免費提供藝界展覽，為了使畫廊更有品味，他又附設了茶藝中心供人品茗；為了維持開銷，他每天努力工作來賺錢補貼。他對社會人類充滿愛心，對朋友熱忱，對自己卻很嚴苛，這種「柔嫩的心情」，就是我尊敬他的主要原因。很久以前即想訪問他，一直安排不出時間，這次利用寒冷的冬天，希望藉著愛心結合彼此光熱來溫暖這個社會。

*　　*　　*　　*　　*

問　我們知道林先生原來是中興大學統計系畢業的，爲什麼會對繪畫有興趣？

答　學統計是因為那時的大專聯考制度，和現實的觀念影響，使得學生們無法自由選擇本身所喜好的科系；喜歡繪畫是天性使然。自己從1961年至今，二十多年來一直就對繪畫創作不輟。學商也充實了其他方面的知識，能從學習中獲得閱讀上的便利，開拓自我。

問　請問林先生剛開始是如何學習繪畫的？

答　從小我就喜歡畫畫，小時候我家就住在高雄壽山對面，每天總是「面壽山，畫壽山」，到1961年，開始深覺自己對繪畫的濃厚興趣，於是正式學畫。起初由具象畫開始學，慢慢地體會到現代畫比較適合自己，因而選擇了現代畫。以前在學校裡比較常與美術老師接觸，受到其鼓勵，於是時常自我習作，然後將所作的畫拿去請教老師。因此，我的學習過程可以說完全是自發性的，這也是我一向所主張的學習態度與方法，然而現在一般的父母往往為了趕時髦而強迫自己的孩子學畫，這是很不適當的。

問 我們看過您的畫，請教您是屬於哪一派的畫風？

答 我的畫是屬於抽象繪畫。我覺得抽象畫最適合中國人來畫，因為抽象畫的表現有很多是來自於書法、山水的意象。我所以會選擇抽象畫，是因為它適合我才學，而不是為了跟隨潮流，我一直強調自發性，因為如果你自己本身沒有發自內心的感動，絕對無法有好的創作，只能永遠停留在模仿的階段，現在有很多畫派其實並不適合我們中國人，所以時下年輕的畫家們應該有所選擇，走出自己的路，開創屬於自己的獨特畫風。

問 請問您作畫那麼多年，有什麼感想？

答 多年來一直覺得很孤單、寂寞，主要是因為社會功利主義的壓迫，但由於繪畫是自己本身的喜愛，所以未曾因外在環境而改變意志。因我深感畫家如果要依賴外界的掌聲，則自己永遠無法突破，尤其像我這種畫現代畫的，在台灣目前以商業掛帥的情況下，更是缺乏推銷自我的途徑，在這一方面，傳播媒體未能盡力是原因之一，因而才無法讓現代人體驗到現代畫的好處。

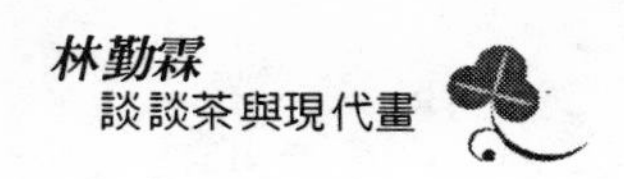

問 **請教林先生對茶的看法如何？**

答 我和茶的淵源很深，我外公在大陸時就做茶的生意，到台灣後做得更好。後來因為從事抗日工作而停止，因此我從小家中就喝茶，所以我對茶有一份很特殊的感情，而且茶對我而言，是很生活化的東西。

問 **您在茶藝館中擺設自己的現代畫，這種兼具傳統與現代的作法是否會有衝突？**

答 一點衝突也沒有，雖然大家認為我的畫是很現代的，但我以為我的畫是很中國的，如果你覺得不是，那麼應該就是我表現得不好。茶是很中國的東西，對中國人來說是很重要的，就茶與咖啡來比較中西文化，我們可以感覺到茶比較具有內涵，因為它是需要慢慢的品嚐，才能體會出它的甘醇與美，而咖啡雖然在沖泡時很香，但那僅止是一時的誘惑，如同現在的年輕人只一味地嚮往著西方文化表面的絢麗，卻不能體驗出我們中國文化的內在之美。因此，現代畫家們應該把中國的東西很好的表現在畫中，這樣我們的畫才能具有自己的風貌，而能在國際上佔有一席之地。

問 **請問您喝茶對於作畫是否有什麼好處？**

答 喝茶能使我心靜下來，純淨思緒，帶給我很好的思考，同時對養生很有幫助，能讓人走更遠、更理想的路。

問 就茶與畫的關係來說，請問您有什麼影響？

答 就茶具、茶葉等這些具體造型上的直接影響是很難說有的，但就茶藝的內涵、精神、文化等無形的間接影響是很大的。

問 您現在經營畫廊，但在畫廊裡面附設茶藝館，在經營上來說有沒有什麼感想？

答 當時只覺得茶在生活上對自己很有幫助，並沒有想到要將茶藝與商業結合。但由於往往我作畫後沒有場地可以發表，因為一般商業性畫廊大多不願意展示我們的作品，因此我一直希望能夠擁有一個場地，免費供為作畫朋友們的發揮天地，於是在二年前茶藝館合法化時，便想到把畫廊和茶藝館聯合經營，而為了不至影響茶藝館內的氣氛，就把畫廊設在前面，讓觀畫者能自由來去，而將茶藝館設在畫廊後面，使飲茶者能夠盡情享受清雅的環境，同時也可利用茶藝館潛移默化的功能，吸引愛畫者來飲茶，讓他們也能生活化地體驗到茶藝。如此利用茶藝館的收入平衡畫廊的開銷，使茶藝與繪畫融合在一起，形成一個清新可喜的藝術文化活動場所。

問 那麼請問您對茶藝館的看法。

答 我的目標還是在畫，茶藝只是我維持畫廊的手段，因為我本身對茶藝研究並不深入，但我很歡迎利用茶藝

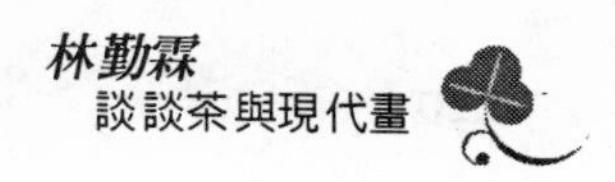

館的場地來舉辦各種茶藝文化活動。

問 **您認爲以茶藝來表現抽象畫是否有牴觸？**

答 有牴觸，因為抽象畫是不具形象的，但如果因茶來影響畫是很有可能的。就我個人而言，以前喝茶等於是止渴的作用，現在喝茶慢慢地能體會出它的哲學，因為由沖泡、品茗的動作、評賞之中，不僅能培養情緒、促進思考，同時能無形地改變心境，進而幫助作畫，因為茶是很深邃、很淡雅的，是內在型的東西，它與繪畫藝術一樣，是長久的。

問 **如果請您以抽象畫來表現茶藝，您將怎麼做？**

答 我想我可能會畫我的感覺，在畫布上塗滿淡淡的深褐色，富有層次，有著空間的感覺，似乎可以看進去也可以吸收到茶的氣。

問 **您對推廣茶藝文化有什麼看法？**

答 現代社會變得很暴戾，而茶是很能夠改善一個人的氣質的，所以我覺得茶藝應該要好好的推廣，因為它對於一個人、對於整個社會是太有幫助了。

茶的好處，我有一個很好的實例：兩個月前我一個朋友從美國回來，見面時她告訴我她和她先生正鬧著要離婚，後來她回美國時買了一組茶具回去，不久她寫信給我，在信中說，如今她和她先生每天晚上吃完飯後，便一起對坐飲茶，目前他們已經暫時不考慮離婚了。

潘燕九

【自稱茶仙的茶菜啓蒙人】

漫談茶藝文化

「茶仙」也許還有很多人不認識，而「茶菜」沒有品嘗過的人可能更多，有誰知道茶仙和茶菜是結合在一起的呢？

「茶菜」這樣東西並不是新生事物，我國江浙一帶早已有之，「龍井蝦仁」是名聞遐邇的江浙菜，只是台灣的茶菜增加了「凍頂豆腐」、「坪林香魚」等道地的台灣茶菜而已。

「茶菜」，已經是一項時尚的享受了，三年前，「茶仙」潘燕九先生首先在台灣提倡茶菜的時候，還不太引人重視，直到今年初，《家庭月刊》做詳細的介紹之後，方才受到廣泛的注意。

認識茶仙，早在三年前，我每週舉辦一次的「茶藝文化再出發」座談會，茶仙應邀出席第一次在紫藤廬的座談，他送我一枚「茶熟香溫」的茶印，頗為雅緻。這位「蘇州茶仙」又叫「吳門散士」的潘燕九，為人隨和，很容易相處，並熱心支持有關茶藝文化活動。

茶仙除了是茶藝專家外，還獨得道家內功的秘傳，並專於詩、書、畫、印、茶、石六藝心法，更珍藏不少唐宋天目茶碗。

3月18日中午應邀品嚐了由茶仙夫婦親自烹做的茶菜和茶酒，那種風味的確令人留下深刻印象。為了能持續享受這種滋味，大家一致同意，組成「茶餐會」，參加這次茶餐會者有文念萱兄、李冰榮兄及老龔等，決定以後每月聚會乙次，公推潘老為會長。

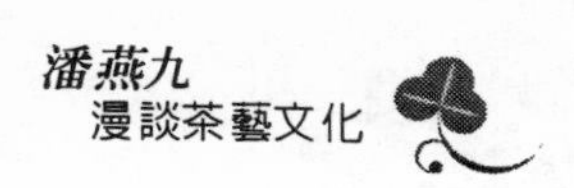

3月30日中午茶仙夫婦再度應邀指導韓國駐華大使館黃參事夫人做茶菜，參加人員有藍格明夫婦，戴老師夫婦、張明滿小姐、范增平夫婦等，在黃參事公館，愉快的享受了一頓美味可口的茶餐會。

潘老不僅是一位美食美菜專家，還精於書、畫、篆刻等藝術，在他赴台中逸茶軒演講之前，先訪問他有關茶藝種種的問題，讓我們有先聽為快之樂。潘老素有「茶仙」之稱，對這位茶藝界開拓的先輩，我們深深感激他在茶藝界的耕耘。

＊　＊　＊　＊　＊

問　請問潘先生，您「茶仙」的封號是怎麼來的？

答　「茶仙」是我太太取的。我原本有個別號是「吳門散士」，吳門指的是蘇州，因為我是蘇州人，散士就是散漫之人的意思。十年來，我不論題字、畫畫、刻印、作詩、對聯，均是以「茶」為主題，因此光是茶印就有一百多個，茶詩則有六十首，同時我更是不斷地研究茶具與茶葉。而六、七年來，我可以一天不吃飯，但不能一天不喝茶，簡直可以成仙了，所以我太太就給我取了「茶仙」這個封號。因此我曾作詩一首：

茶聖東坡壓襄得

茶神陸羽眾供奉

茶痴盧仝友朋趣

茶仙散士太座封

問 **請潘先生談談您是怎麼開始接觸茶的。**

答 我有一個印刻是：「十歲就愛碧螺春」。我們家鄉有一句諺語：「上午『皮包水』，下午『水包皮』」。意思就是說，蘇州人一早就喝得滿肚子茶水，到了下午則洗熱水澡，把全身泡在水中。所以我從小生長在這樣的環境裡，便是一日不能無茶了。

問 **請問潘先生蘇州有什麼茶產，泡茶的方法如何？**

答 在蘇州，有一個地名叫虎丘，也就是唐伯虎點秋香的地方。虎丘最有名的是茉莉和碧螺春，茉莉可製成茉莉香片，又稱為大芳，是當時銷往北京的貢品，其製法為「三蒸三薰」，已經達到了相當精製的程度。

在泡茶上，使用中壺來泡，第一泡吃了一半之後加滿水成為第二泡，第二泡吃一半後再加滿是第三泡，第三泡吃一半後將壺中剩的倒入杯中，然後沖水入壺中半滿，再將杯中的茶水倒入壺中。這是當時龍井、碧螺春、清茶等的吃法，使用的杯子比現在大，因此一個中壺可以倒三、四杯。

問 **在蘇州，茶館的情形如何？**

答 當時蘇州有一個最大的茶館叫「吳范茶館」，這個茶館相當的大，裡面有花園、庭院，館裡分為很多廳，每

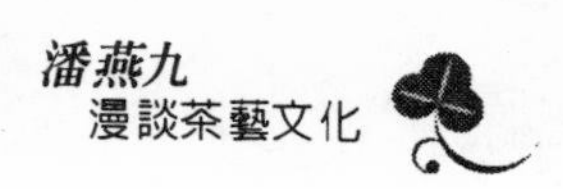

個廳有不同的名稱，不同的廳名分別適合不同性質的聚會，其他的小茶館也有比較洋化。而一般的茶館都是早上賣麵點、燒賣、湯包，下午開書場、彈詞、講故事。另外有一間「仝羽春茶館」整天賣開水，因為從前在大陸燒開水是一件很麻煩的事，所以有專門賣開水的地方，燒水是在一個「老虎灶」上吊起用紫銅做的大茶壺，這個大茶壺有一丈多高，使用的柴火是稻草，所以一般茶館裡有所謂的「柴房」，專門用來儲存一年使用的稻草。

另外，蘇州一般的糖果店所賣的就是茶食，是專門給大人們喝茶時吃的東西，有包括糖果、餅乾、蜜餞、燻魚、鹹肉（家鄉肉）等。

問 請問潘先生您做茶菜是如何開始的？

答 茶菜原本是杭州地方有的，例如龍井蝦仁、龍井扒魚等。但因為我們蘇州這地方非常富庶，蘇州人很考究吃，所以各地方的人都喜歡到蘇州來作生意，於是杭州的茶菜便是如此引進來了。

來台灣我第一次弄茶菜是在四年前茶藝剛開始興起的時候，當時一般人是注重在泡茶，我則注重推廣茶菜。

問 請潘先生談談茶菜的好處有哪些？

答 茶菜的好處，第一在去腥，第二在去油，第三營養價值高。比如它裡面含有很多的葉綠素，而葉綠素是不溶於水但溶於油的，因此在茶葉中我們可以吃到茶葉裡的葉綠素，在茶水中則不能，另外像茶葉中的維他命C、鎂、維他命A等也都是不溶於水而溶於油的，因此真正說起來，茶葉比茶水的營養價值、醫療價值要高得多了。

問 那麼在做茶菜上有沒有什麼特別需要注意的地方。

答 不同的茶種類有不同的烹調法，比如「炒」的就要用醱酵低或沒醱酵的茶，如龍井、包種、清茶。同時要選擇嫩葉且新鮮的茶葉。而烏龍、鐵觀音、紅茶這些醱酵高的則不適於炒，要使用「燉、爆、炸」的方式。另外茶末在做菜上的用處就很多了，許多菜都可以配點茶末來吃。還有茶角（即是茶袋），可以油炸、炒、爆，吃起來的感覺就像芝麻，很香。同時茶末和鹽混合一起可以成為「茶鹽」，用來沾東西吃。

做茶菜的要訣就是要先把茶葉用水泡一下，炒菜時先用茶水倒進去炒，炒好後放入茶葉拌一下就可以起鍋了，如此才能保存住茶葉裡的成份，不致被破壞掉。另外生的茶葉可以做泡茶，但用來炒菜就沒有那種香味了。湯的做法則是在湯好之後用茶包放進去泡一下就可以了。

其他方面就和普通做菜一樣，因此要做好茶菜，除了本身炒菜的火候要控制得當之外，同時要具備茶葉的好品質與食物的新鮮度。

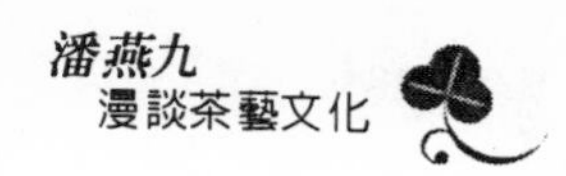

問 **那麼在茶菜當中，最便宜的一道菜是什麼？**

答 最便宜的就是「凍頂豆腐」，就以一家四口人來說，只要五元的豆腐一個，二十元的絞肉，五元的配料，加上一些茶末（凍頂、香片、龍井、包種均可）就行了。尤其在家庭中對小孩子而言，茶葉裡所含的氟成份是很有幫助的，同時其他的成份包括很多的維他命、礦物質等，都是能供給人們成長的營養需要。

問 **茶葉有這麼多的好處，請問潘先生您認爲應如何把它推廣至一般大衆？**

答 我想今天要推廣茶菜，就要從它本身特有的「食療」與「醫療」效果，以及它的色、香、味俱全上來加以推廣。今天我們提倡茶藝文化，事實上茶葉就是其最親切的部份，因為茶菜是密切關係著每個家庭，是與我們的生活最接近的，而它又有這麼多的好處，實在是值得大力推廣。

問 **對於目前台灣的茶藝界，潘先生您有什麼看法？**

答 我認為我們今天過份的注重品茗，注重口腹的享受，而忽略了文化的部份。今天我們要復興茶藝文化，一定要把我們的水準提高，將品茗當成一種媒體，而以「以茶會友」的方式，集結詩、書、畫各文藝學術界在一起，提昇茶藝層次，拓展茶藝層面，使茶的應用更為廣泛，例如茶詩、茶畫、茶曲、茶書等應該多多的發揚，如此才能成為真正的「茶文化」。

問 潘老，請問您對目前流行的聞香杯組有什麼看法？

答 這應依情況而言，我認為在日常生活上吃茶和人少時，都用不著聞香杯。聞香杯的作用是怕杯子混淆，衛生不好，人少時應無這方面的顧忌，在人多的場合時，為了怕杯子混淆可以用兩套茶杯，一套為品茗杯；另一套即為聞香杯。品茗杯固定在每人的面前，聞香杯混淆則無妨，我想，聞香杯還是有其存在的需要。

問 何時、何地才開始有聞香杯？

答 在大陸上沒有聞香杯，因為大陸上大多泡老茶，不講究香氣，也就不需要聞香杯。目前台灣的人泡茶講究聞壺的香氣，他們喜歡凍頂、金萱這類重香氣的茶。但是，台灣也是這幾年來才開始有聞香杯的。公道杯的目的則只是讓茶的濃淡一致，無法保留茶的香氣，要聞茶香，聞香杯功效還是較大些。

問 現在喝茶的人都很講究茶壺，是否泡茶一定要用宜興壺？

答 在茶壺方面，我們似乎比較喜歡用宜興壺來泡茶，宜興壺燒的比較標準，宜興壺本身的顏色漂亮，其他地方的壺則顏色容易褪，這跟燒的功夫有關。其實，只要燒的功夫到家，那裡的壺都是一樣的，不一定得要用宜興壺泡

茶。

問 對目前台灣壺和宜興壺的比較，您的意見如何？

答 目前台灣許多壺都仿照宜興壺的造法，用台灣的土來配顏色、重量、造形都仿宜興。但是，台灣本身的土先天上就較差，所以無法作的比宜興壺好。在台灣的陶藝師，每個人的風格各有所長，不能主觀的批評誰的好壞，不過，若依消費者的眼光，我還是感覺宜興的壺比較好。

問 壺的孔有單孔、多孔、蜂巢孔那一種才算正宗？

答 其實並無所謂正宗問題，也無標準可循，完全依照所泡的茶葉而選擇單孔、多孔、蜂巢孔，例如閩南人泡大葉的茶就宜用單孔；北方人喝香片宜用多孔；浙江人喝碧螺春就用蜂巢孔，喝紅茶就宜用蜂巢孔。

問 溫潤泡有必要嗎？您的看法如何？

答 溫潤泡其目的有人說是使葉子伸展開來，讓香氣跑出來或是洗茶葉，其實這種種說法都不足取。溫潤泡可視所泡茶葉的種類、發酵程度及每個人喝茶的習慣而定，例如老茶、鐵觀音、重發酵的茶才用得著溫潤泡；而輕發酵或不發酵的茶，經過這麼一泡；味道就被沖淡了，泡這類茶就不須溫潤泡。養壺則可用溫潤泡來澆沖。

至於洗茶葉之說，更是無稽之談，農藥殘留在茶葉上，根本在發芽之前就已經消失，所以我們一般所喝的茶葉根本沒有農藥殘存，也沒有塵土，洗茶之說更是不足信。根據調查，茶有防癌作用，就在它具有鍺這種元素，而鍺元素在泡沫裡含量最高，泡沫其實養分最好，可是一般人都不知道，以為那是最髒的部份，應該糾正這種觀念。

問 茶壺和茶杯怎樣搭配才最理想？

答 一把茶壺最好配以二組以上的茶杯，茶杯可配大、中、小以備不同場合，顏色也可配以多樣化，不必一定要一套配。依茶道美學精神而言，亦即不必要單一性，多樣配合，壺不必多，但杯子多點來互以搭配！

問 元朝的蒙古大可汗放棄了好茶學吃宋式茶，有何根據？

答 這有詩為證：宋末遺老汪元量〈醉歌〉云：「伯顏丞相呂將軍，收了江南不殺人，昨日太皇請茶飯，滿朝朱紫盡降臣」。

問 中國茶道的仙家、佛門、皇室的吃茶方法是怎麼樣的？

答 中國歷史上的仙家最早喫茶的該是屬道教，老子、武夷真人、呂洞賓、茅山仙人等仙家都有喝茶的記載，道教甚且都是靠茶來幫助他們修身養性。

安徽黃山道長以茶當菜，終年吃茶，直至今日黃山一直保有這種以茶當菜的傳統。民間有名的茶菜，如杭州西湖的

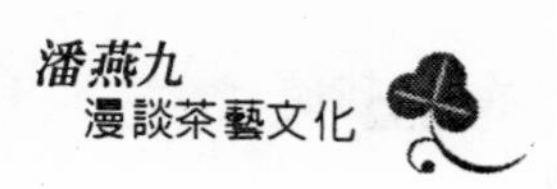

龍井蝦仁、蘇州的香片蒸魚等都是民間的時菜，以茶當菜一時廣為流傳，在宮廷裡喫茶的方法，唐時有大壺茶，宋用小碗茶，各種不同方法的喫茶法如煮茶、點茶、煎茶、泡茶、砌茶等。

問 老人茶與功夫茶有什麼不同？

答 老人茶不必一定用茶壺泡，而所謂功夫茶就是潮洲泡，用功夫來泡，汕頭泡也是功夫茶，然而這其實都只是一種花招。老人茶現在有色情介入實在令人痛心！就目前坊間而言，功夫茶即指汕頭、潮洲泡而言。

問 閩南人豬腳養壺的來由如何？

答 在閩南地區壽山寺很流行用印石來篆刻。明末文徵明的兒子文澎名山橋，在當地開了篆刻的風氣。有商人帶印石到蘇州賣時，在蘇州的麵館看到用小壺裝麻油，認為用這種小壺來泡茶，風味會更佳。回鄉以後就誤傳蘇州以麻油來養壺，所以蘇州的壺特別亮；爾後，閩南人以豬腳來養壺，認為壺會更亮，這實為誤傳。

問 時大彬死不瞑目的責任應當誰來負？請您談談您的看法？

答 時大彬與陳紀儒號稱墨工，因在當地只用中壺來泡茶，但很粗糙，陳紀儒問時大彬能不能作像蘇州地方一樣精緻的壺來泡茶。時大彬花了很多的時間和「工夫」才作好。真正是用功夫來喝茶，時大彬給每人一把壺，就其所好的茶葉泡茶，今人所謂「功夫茶」是為「工夫茶」之誤傳。今天推廣茶藝的茶人應負起這個責任，糾正功夫茶的觀念，小茶壺應隨個人所好來泡茶，不要強迫別人喝某一種茶，如此才不會枉費時大彬研製的工夫。

問 所謂茶藝文化是指些什麼？

答 茶藝文化應是技與藝的結合，再加上茶食、學術、技術、茶山考察、科學的研究還有茶藝精神的發揚（如協會的精神是清、敬、怡、真），種種技術與藝術的結合。

問 如何發揚茶藝文化？

答 應該提高文化層次，讓書、詩、畫、印結合在一起，把茶藝、花藝、陶藝、南管等結合，與茶有關的、無關的都結合在一起。雖然電腦、科技跟茶無關，也可跟茶結合，把不喜歡喝茶的人結合在一起。更進一步變換茶藝的形態，不要只講究品茗的藝術，推廣吃茶的人口，任何人都可以自己的喜好方式來吃茶，吃茶人口多，發揚茶藝文化應會比較容易些。

吳發祥

【外交官元老】

談美國傳茶藝

△圖中為吳發祥、金衷愉夫婦

以有限的生命從事無限的事業，一直是我抱持的理想，俗語說：「德不孤必有鄰」。一本誠心、善意去做事，相信不至於會失敗的。吳發祥先生與金衷愉小姐，決心要協助我們發揚茶藝，將東方的情調推展到西方去，給予我們很大的鼓勵，看到吳先生夫婦的精神、毅力，我們如果不知奮勉賣力，也會深感慚愧。

吳先生夫婦雖然已年近八十，但是，他們的精神、毅力和健康狀況，並不亞於一個四十幾歲的人。為了把中華文化的茶藝傳揚到美洲去，以茶藝喚醒社會良心，吳先生夫婦自今年1月25日開始，在台灣最寒冷的時候，不辭辛勞，日夜到「中華茶藝文化研究中心」來研習茶藝。幾次夜裡氣溫極低，吳先生夫婦從木柵要搭兩次車才能到中心來，幾位學員都缺課了，然而三個多月來，吳先生夫婦從未遲到缺課，他們處世認真的精神令人感動。

認識吳先生夫婦完全是「茶緣」，在一月中旬，吳先生到中心來，他說在飛機上看到中國郵報介紹「良心茶藝館」，他特別來看看，經過交談，他決心把我的觀念——「以茶藝喚醒社會良心」推廣到美國去，並表示要求學茶藝，我欣然同意。

吳先生夫婦是復旦大學畢業，曾擔任過外交官的工作，今天能發心把中華茶藝介紹到美洲去，這是中華茶藝的榮幸，也是美國人的榮幸。數十年之後，中華茶藝宏揚於美國，以至於全世界是指日可待的事。那麼！吳發祥夫婦的心

血是不會白花的，他們拓荒的精神，也終將得到豐碩的成果。

吳發祥夫婦即將於5月19日返回美國，他們在那裡生活了三十多年，這次回去後即將成立一個中華茶藝中心，我們預祝他們順利成功。

為了感謝吳先生夫婦努力發揚茶藝，老當益壯的魄力，並時時以他們的精神做為我們年輕一代的榜樣，特別於他們回到美國前夕做一專訪，以為記。

*　*　*　*　*

問　我們知道吳先生旅居美國卅多年，請問過去有沒有喝茶的習慣？

答　我到這裡（台灣）之前，雖也喝過茶，但都是泡在杯子裡，從未喝過這麼有意思的茶。

自從到良心茶藝館學茶藝之後，覺得茶藝很有意思，以後我跟我太太兩人就去買小茶具回去學泡茶喝，本來我也想開班招生教教茶藝，但因為人數不夠而作罷！茶藝這東西學問太深了，不是很容易就可以學成的，我來這裡就是想學點東西回美國去教教美國人，喝茶總比喝咖啡、喝酒好多了，喝茶對身體的健康很有益處，應該鼓勵多喝茶。

年輕人應該藉良心茶藝喚起良心的意識，現在人欠缺的就是良心，我在這學了良心茶藝後覺得很好，回到美國後，也要想辦法去推展茶藝使美國人也知道如何喝茶。

問 **請問吳先生在這邊學茶後，有何感想？**

答 基本上，我們來這裡以後學了很多東西，對茶的瞭解更多，在沒來這之前，連喝茶我們都不會。這三個月來，學習喝茶的方法，才知道喝茶不是一件容易的事，不是拿來泡就可以了，我們喝茶不能牛飲，要分三次喝，要慢慢品嘗欣賞，這就是所謂的「茶藝」。

像范老師你這麼年輕就能為社會上做這麼有意義的事，實在很了不起，現在一般的人只為名為利，我這一生對於名利最不以為然，我以為良心才是最重要的，有良心才會有愛心，有愛心才不會害人，這個社會紛爭才不會層出不窮。

但是，我們知道一個人的力量太小了，需要廣大群眾支持，但是有開始就已成功一半了，也許你要走五年、十年，才會被接受，但到最後大家都跟著你走的時候，你就是成功了！

歷史上有很多例子，也許出發點很好，但終走上旁門邪道，我也很相信范老師不是這樣的人，以你的毅力、智慧來發揚茶藝。我所以支持也就是這個原因，我活到七、八十歲了，回到美國以後，要讓美國人學喝茶，瞭解喝茶可以清醒腦筋，使人冷靜下來，建立和諧的社會。

問 **請問吳先生，在這工商忙碌的時代，茶藝被接受的程度，依您的看法如何？**

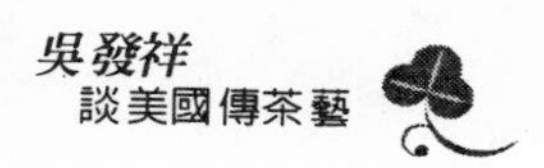

答 這恐怕是不太容易的事，尤其在這工商時代，每個人為生活的問題，匆匆忙忙的，所以現在要一般人慢下來喝茶，一時不太容易！舉例來說，我在美國開火鍋城時，剛開始也遭遇了不少阻力，火鍋對中國人來說是很好的東西，但在美國人認為太花時間了，結果我們做了十幾年，不管成不成功，我們還是做了，別人以為不可能的事，我們還不是做了十幾年。所以，凡事推銷是不容易的，但最重要的是要去做！

問 **請問吳先生，那我們該怎麼做？如何推廣茶藝？才能容易被接受！**

答 照理說，我不希望像一般台灣茶商的做法去做，故意巧立名目，外行的人也許容易接受，但我們要靠真正的良心去做恆久時間的生意，這樣生意才會做得好，基本上，我主張從教育上加強，推廣茶藝。教育下一代茶葉是什麼東西？茶葉的做法如何？茶知識由中學至大學逐漸深入，在家裡父母也要懂得茶，以便教育孩子從小就接觸茶藝的生活環境，這樣來推廣較容易些！

問 **吳先生來這裡這段期間，最喜歡喝什麼茶？**

答 我最喜歡喝烏龍。

問 **爲什麼？感受如何？**

答 很難講為什麼？個人的感受不同，我覺得烏龍的味道很像橄欖，喝時苦苦的，但經過一段期間後就有一種甘甜的回味！所以我喜歡烏龍。

問 **吳先生近日就要回美國了，居台這段期間對台灣有何感想？**

答 我剛回國時一下飛機，感到了不得，認為台灣樣樣都很好，高樓大廈，處處可見，顯示經濟繁榮。不過，唯一覺得較遺憾的是，這裡的人較不懂得公共的生活，自己愛怎麼樣就怎麼樣，公德心較缺乏。站在自己的同胞的立場，希望我們好之再更好，使我們中國人成為被別人尊敬的民族。我想：喝茶是很好的習慣，增進人與人之間的友情和瞭解。

問 **吳先生除了到這裡學茶外，有沒有到別的地方喝過茶？對茶藝的看法如何？**

答 我只到過兩個地方喝茶，一個是這裡，另一個地方在這附近，父子兩個人經營，完全是生意人的做法，賣茶葉的價錢不一定，有時候一兩賣一百元，有時候一兩賣六十元，隨便賣，當然我是外行，不懂得茶葉的好壞，但是他這種做生意法可以說良心完全被埋沒了！

我希望茶農、茶商誠實最要緊，生意是天經地義的事，但誠實、良心才是最重要的！

問 **吳先生這次回美國後，要推廣茶藝，有何具體辦法？**

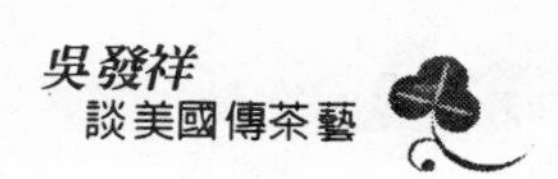

答 具體辦法是沒有，不過我在美國有許多朋友在聚會時，可以以品茗的方式，試試看他們有沒有興趣。我的朋友中，有許多與我年紀相仿的人，退休後他們有的是時間，我想可以試試看他們有沒有興趣！

另一個方法是在美國過年過節時，每個人都喜歡送禮，我覺得茶是一種很好的禮品，可以從這方面發展。

本想開一個舖子，但因礙於種種因素又加上年紀大了，恐怕身體會吃不消，但我們還是計劃開一個「咖啡茶藝中心」，美國人一向喝咖啡慣了，藉此中心也教教他們喝茶。

問 **以吳先生幾十年的人生經驗，對現今年輕人的人生觀感如何？**

答 我年輕時候生活很隨便，也沒立志，在校唸書時，認識了我太太，人家也總以為我們不可能結婚，後來我跟我太太結了婚，但因環境的關係，生活相當苦。這時候，我深深認為要爭氣，讓人家看得起。

所以，我以為年輕人一定要立志，要爭氣，而且不管做什麼事，一定要去幫助人家，但不要以為幫助人家就要得到回報。

對婚姻的問題：我以為婚姻是人生另一階段的開始，一定要重視它，尤其有了孩子以後，一定要讓孩子在幸福美滿的家庭環境長大，沒有好的家庭，孩子是沒有辦法教好的，因為孩子的眼睛是雪亮的。如果沒有認清婚姻的目的，就不要結婚，更不可生小孩。

這是我經過這許多年來的經驗，因我在年輕時候有許多人看不起我們，但我們經過五十幾年互相瞭解，互相愛著對方，彼此攜手奮鬥了這一生。

婚姻是互相同意的，如果有一方不同意或勉強就不好。所以，諾言也不要隨便下，答應的事就一定要做，像我答應別人的事，就一定要去做好！

范光陵

【中國電腦之父】

談電腦與茶文化的結合

△圖右站立者為范光陵

范光陵是一個令人著迷的人物，他竟然也是一位茶藝家，從發起「中華民國茶藝協會」到中華茶藝獎選拔賽的評審；從茶藝館合法化到舉辦梅花茶會，他都是主導人物之一。

范光陵有完整、深厚的學識經歷，從傳統到現代；從尖端回歸基礎，他來去自如，能夠做為范光陵的朋友是一件非常愉快的事，因為他樂觀的人生觀，總是帶給別人快樂，他事事都關心朋友的熱誠，永遠給做為他朋友的人深刻的印象和感謝，我就是其中之一。

二十多年前，當我還是一位中學生的時候，就看他所著的第一本有關電腦的書——《電腦和你》。所以，印象中，他是電腦博士，中國電腦之父。及至四年前，為籌備「中華民國茶藝協會」而邀請他擔任發起人。從此，他花了很多時間在茶藝的研究推廣上。動的方面：歷次有關茶藝的活動他無不是主角人物；靜的方面：現代茶藝詩歌的撰寫，也是由他開先河，這種中英的詩集，他已出版數本，詩歌的成就，使他榮膺世界桂冠詩人的光彩。

范光陵在傳統文化的成就，和現代科技上的活躍，無異是古今中外少見的才子。如果您參加他所主持的國際會議，或認識他的行政管理工作，更會欽佩他的才氣縱橫和敏捷的反應能力。

有鑑於范博士豐碩的學識，洋溢的才氣，以及他對茶藝現狀的瞭解，特別針對目前台灣茶藝的經營管理和未來發

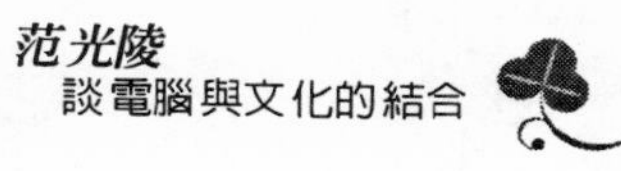

展，請他發表寶貴的見解。我想這是很難得的機會。

*　*　*　*　*

問　我們都知道范博士是國際知名的電腦博士，電腦是最新的科技，而茶藝是中國傳統的東西，請問范博士為什麼會喜歡茶藝？

答　電腦是文化的一環，而越是深入研究電腦越覺得文化基礎的重要，所以我對文化很有興趣。茶藝文化可說是中國文化的一項特色，因此便對茶藝產生了興趣。這是原因之一。

由於電腦的發展，形成了科技文化與人文文化的脫節，使得人有空虛、失落的無力感。我認為發展茶藝可以有效地填補這種失落感；同時現代人因為科技發展，物質生活水準提高，可是生活品質未必能提昇，而透過茶藝，則可相當有效地達到這個目的。這是另一個原因。

問　電腦是新文化，而茶藝是舊文化，若此新舊兩種文化結合一起，是否會有衝突。

答　這是一個很高深的問題。文化一定要有根，而舊文化正好是新文化的根。電腦文化也是從舊文化中發展出來的，所以研究電腦不可拋棄舊文化，因為就以電腦的基本觀念而言，其二進位法便來自於舊文化中的算盤。所以新文化如果沒有舊文化的帶領，往往不能適應新社會。因此，舊文化可說對新文化有換血、充電的作用，新舊文化之間是可以相輔相成的。

問 那麼電腦科技是否能夠應用在茶藝上？

答 可以的。對茶本身的設計、栽培、分配管理各方面都可有效的運用到電腦。事實上，現在茶藝的發展與電腦已有了密切的關係。因為茶藝除了飲茶之外，可有詩歌、文字、音樂及各種陶器藝術品的配合，而這許多都是可以利用電腦來達到的，這證明了今天電腦已經與茶藝結合在一起，我相信未來電腦與茶藝的配合將會更大更遠。

問 請問范博士，自從接觸到茶藝之後，對您在生活上或人生觀上，有什麼影響？

答 我一向認為人生的三原則是：一、積極，二、開放，三、培養第二興趣。自從我與茶藝接觸後，每次覺得工作繁忙、困頓時，茶不僅能清平我的心緒，更能給予我積極進取的精神。

人生不如意事十常八、九，我們應要看得開。然而很多事情並非如此簡單，往往常要外界的幫助，而一杯茶便可給予我這種力量，使我精神鬆弛、心境開放，也使我更能以愉快的心情來接受不愉快的遭遇。

人生除了有一個本身的專長外，一定要培養第二興趣，而這第二興趣必定是要高尚，且對人生具有積極幫助意義的。我認為飲茶、泡茶、製茶以及與茶藝有關的各種興趣，都是一個很好的第二興趣。

問 **范博士是有名的工商管理專家，請問范博士，茶和工商業有什麼關係？**

答 茶和企業有很密切的關係。

一、茶需要企業化的經營。因為一個懂得企業經營者，如能以現代化的企業經營法運用在茶藝館的經營上，則會比傳統方式來得好。

二、茶對企業員工士氣的鼓舞、精神的提昇、挫折的鬆弛等，都有其積極的意義。

三、一般企業界使用的飲料不外乎咖啡、茶、汽水，而茶是比較好的，因此茶對企業界很有幫助。

由於個人與企業界接觸較頻繁，所以有以上這些認識。

問 **那麼，請問范博士，應該如何向工商業界推廣茶藝？**

答 我們應該讓工商界人士對茶有正確的認識及正常的接觸途徑。比如我們可以經常舉辦「以茶代酒」的茶宴，替代雞尾酒會，使茶宴成為工商界的正式宴會，這點是很重要的。同時我們應該設置適合工商界的茶藝館，使他們覺得到這種茶藝館能合適他們的習慣、方式與需要。另外我們要使工商界瞭解，工商界的交誼方式，除了打麻將、打高爾夫球、飲花酒之外，飲茶可以是一種很愉快而且有效率的方式。這樣工商界就會積極的來參與領略茶的樂趣與成果。

問 **請問范博士，怎麼樣的茶藝館才適合工商業界？**

答 適合工商界的茶藝館應該是能夠配合他們的目標，而其目標之一就是賺錢。因此我們就必須要使其進入茶藝館後能達到他們賺錢的目的。比如讓他們來到茶藝館後，能夠提昇他們公司的形象，使得談生意的雙方都很愉快，而在消費上又能適合一般工商界的水準，我想這種情況是可符合工商界需要的。至於如何經營，我覺得可以參考現在美國速食餐飲界爭取顧客的方式，因為每一個時代的人有每一個時代的適合型式，而現代茶藝館究竟是僅配合幾個人的構想呢？還是要達到滿足潛在顧客們的需求呢？我想，瞭解顧客的所需，提供顧客們想要的產品，才是茶藝館經營現代化之路。至於產品，應不單指茶葉和茶具，而是包括了整個茶藝館的經營氣氛。我想這是目前茶藝館必須嚴肅面對且有效解決的問題。

問 **請問范博士，對目前茶藝館的看法如何？**

答 目前問題在經營者的構想與顧客的需求未必吻合，所以產生了茶藝館雖好，但銷售業績未必成正比，造成「叫好不叫座」的現象。此問題如果不加以解決，會使得一部份高格調的茶藝館財源不濟，而一部份中下格調的茶藝館走入其他歧途。我覺得一般說來，茶藝館經營者都是有著崇高的理想，但卻缺少現代化的經營技巧，因此如何尋求這方面的平衡方法，應是茶藝館經營者今後必須加以注意的重點。

問　請問范博士，應該如何來經營茶藝館？

答　事實上茶藝館應是屬於一種社區性的營業中心，所以其經營方式必須要考慮其所在社區的特色。如果所在社區是高格調的，則採高格調方式；如果是比較偏重上班族，則要適合上班族胃口；如果是藝術家集中地點，則偏重藝術情調。個人因為比較喜歡文學詩歌，所以較歡迎具有文藝氣息的茶藝館。我們知道，一般來喝茶的客人，未必是茶藝專家，所以其重點不一定全在茶葉和泡茶本身，而可能是在相關的各種條件。因此我想，不論茶藝也好，或其他各方面，配合你預定客人的品味應是一個最重要的成功之道。

問　請問范博士對茶藝有什麼看法，茶藝如何下界定？

答　茶方面我可說是後進，所以我想我還不敢做一界定。然而我覺得，茶藝並不只是一種技藝，而是藝術。所以既然它是一種藝術，就應包含了它獨有的真善美特質及一種理想的色彩在裡面，使得茶呈現給人的不僅是茶湯，而是藝術的感受。

問　請范博士談談在茶藝生活中令您難忘的事物。

答　我記得我進入茶藝界以後，就參加了茶藝協會，由於這層關係，得以跟高山青作者鄧禹平先生及林二教授等一起到阿里山，完成鄧先生一輩子沒有到過阿里山的心願，又因為鄧先生臨時不願作有關的歌曲而我被迫代替，以致進入了寫詩歌的境界，意外的培養了一個新的人生興趣與意境，可說是一件很有趣、很刺激的事。然後我和林二教授、范增平先生及很多位好友到全國各地寫作與茶藝有關的詩歌，其中很多作品已被刻成紀念碑或寫成條幅呈現在各名山大川以及中華茶藝文化研究中心，使我覺得非常高興，也非常光榮。

問　我們都知道，范博士無論在學術界、工商業界和文化界都有很大的貢獻，今後范博士有什麼計劃？

答　個人的成就很微薄，不過個人對人生有三目標：

一、在高速度的電腦發展時代中，繼續為現代人指出電腦新方向及配合變化的新辦法。

二、從工商管理立場，告訴大家工商社會的遠景和新挑戰，以及達到使經濟成長並提昇生活品質的平衡方法。

三、在詩歌與茶藝文化方面努力，使得詩歌和茶藝充滿人類生活，讓人類生活品質走上更完美、更理想的境界。

另外，在此有三點我想提出的是：

㈠對於范增平先生在茶藝界的努力和犧牲奮鬥的精神，我非常欽佩，所以特別提出。

㈡良心茶藝館的開設是中國近代一項創舉，具有積極的社會意義，我希望經營者繼續努力，更加講求經營的技巧，更加強化茶的藝術，使得良心茶藝館不但永遠存在，而且可以發揚光大，成為近代中國社會發展上的一個里程碑。

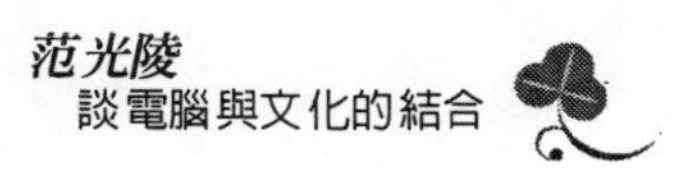

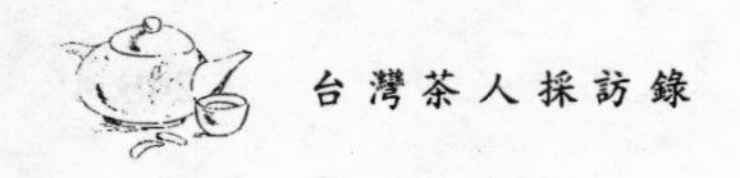

㈢我建議在這高速變化的電腦時代下，大家應注意到積極的態度、開放的心胸、培養第二興趣這三個生活座右銘，這會對人生以及生活的前景有重大的幫助。

蘇石鐵

【道道地地的凍頂茶主人】

談凍頂茶的經營理念

凍頂茶成為大眾喜愛之佳茗，由來已久，但是充斥於世面上的「凍頂茶」，真假莫辨，難得幾人能享受到純正的凍頂茶，作者為此特地訪問了世居凍頂的茶農蘇石鐵先生。

蘇先生祖先自清康熙初年移居台灣至今，計九代，凡三百餘年，歷代經營凍頂茶，對於凍頂茶的研究頗富心得。

蘇石鐵說：根據史料記載，凍頂茶早在康熙初年即已出現。台灣史學家連橫所著《台灣通史》：「台灣產茶，其來已久，舊誌水沙連之茶，色如松羅，能辟瘴卻暑。至今王城之茶，尚售市上，而以凍頂為佳，惟所出未多。」

雲林採訪冊載：「凍頂山為鳳凰山分龍，盛產烏龍茶，溪頭亦鳳凰餘脈，近在咫尺，故設有茶園，加以焙製，清康熙時，藍鹿洲遊台，曾到沙連堡，稱此茶為佳品，謂氣味清奇，能解暑氣，消腹脹云。」

雍正時，《台灣使槎錄》引〈赤崁筆談〉說：「水沙連茶在深山谷中，眾木蔽空，霧露濛密，晨曦晚照，總不能及。色綠如松羅，性極寒，療熱症最效。每年通事審議期日，入山焙製」。

乾隆時《諸羅縣志》：「水沙連內山，茶甚夥，味別色綠，如松羅，山谷深峻，性嚴冷，能卻暑消脹，然路險又畏生番，故漢人不敢入採，又不諳製茶之法，若挾能製武彝諸品者，購土番，採而造之，當香味益上。」

蘇石鐵說：他的十四世祖先蘇珍、蘇經於康熙初年來台，由鹿港登陸，暫居二水，後遷居凍頂。第十五世祖先蘇坦，今仍葬在凍頂私有之茶園，蘇坦之配偶戴氏杏娘，亦葬在凍頂大埔茶園。蘇氏一派祖孫歷經三百餘年努力，慘澹經營凍頂茶。

以上是蘇石鐵先生所提供的資料，主要是說明，凍頂地區之有茶已有三百年之久。有關史料雖仍待詳細考證，不過，蘇石鐵本人推廣凍頂茶不遺餘力是鐵的事實。他為人隨和風趣，見聞廣博且樂善好施，平時除了經營純正的凍頂茶之外，也熱心指導對凍頂茶有興趣的朋友。因此，他的住家雖然矮小，但是所接待的訪客，可能是全凍頂地區最廣闊的一家，有來自日本、韓國、中國大陸、港澳、新馬、歐洲、美洲等地，有博士、將軍、作家、記者等各國、各地區、各類人物。

他堅持只賣凍頂茶，堅持以傳統的凍頂茶口味為正統，堅持不參加各種各式的茶比賽，堅持軟枝烏龍茶樹為凍頂道地的原始品種。他經營凍頂茶以強調道德訴求為主軸，自擬廣告詞句：「有愛心的人，心裡就沒有陰影，邪魔不侵。壞心的人，心中就充滿陰影，魔障叢生。善如青松，惡似花，青松冷淡無豪華，有朝一日嚴霜降，只見青松不見花。」

他自組「榮泰茶葉股份有限公司」，以近似合作社的形式經營凍頂茶。他的住址是道道地地的凍頂，鹿谷鄉彰雅村凍頂巷十九號之一。

他對目前台灣茶業的發展表示憂心，他認為台灣的茶葉發酵愈來愈輕，對茶業的發展不是好的現象，一來失去台灣

傳統茶葉的特色；二來，這種一味追求市場利益，不擇手段的生意手法會扼殺生意，更擾亂社會善良的道德標準。

因此，蘇石鐵在凍頂茶方面，努力向全世界推銷正統的凍頂茶，部分的茶業界人士並不怎麼認同他，他也不在意，仍然堅持自己的原則，真是人如其名，其介如石，剛毅似鐵。

秦于森

【雕壺小姐】

談雕壺的歷程

秦于森小姐是名雕塑家秦華先生的千金，從小受父親的影響接受藝術的薰陶，而進入雕壺的藝術則是近年來的事。雖然年紀小，但因有深厚的藝術基礎，也就很快的登堂入室了。

秦于森不論從事藝術方面的研究，或是在學校求學、做人、都有正確的思想和觀念，把握得住方向，真是不可多得的時代模範青年。

以秦小姐的努力和正確的思想，將來必能在藝壇上大放光彩；對於茶藝文化的復興也必有輝煌的貢獻！

*　*　*　*　*

問 **請問秦小姐，妳什麼時候開始跟茶接觸？**

答 雖然從小就喝茶，但真正與茶藝結下緣，則是 1985 年的事，父親去學茶藝後，覺得不錯，我也去學。那時候學校正放暑假，我也想利用這段時間去打工，父親認為要打工也不可以隨便找個工作，他說我雕刻已有基礎，何不刻茶壺呢？就這樣，我刻起茶壺來，從這段時間開始與茶、壺結了更深的緣。

問 **妳對茶的印象如何？茶是否帶給妳益處？**

答 因為我還年輕，不敢說對茶藝有多少認識，倒是當我不專心時、心煩時，或是想解悶時，我就會喝點淡茶，幫助自己鎮靜、專心、解悶，茶的益處蠻多的……。

問 請問妳在創造藝術工作期間，是否曾受到茶的影響？

答 我畫國畫時，一幅畫的靈感及意境常常是受環境的影響較多。在沈思或畫完一幅畫後，喝杯茶，覺得蠻好的。

問 妳去年才開始雕壺，對雕壺有何感想？

答 我覺得壺很可愛，在小茶壺上刻字後那種心滿意足的感受是無法比擬的。光是一隻平滑的茶壺，在刻上字之前後，那種價值及藝術觀完全就不同了，刻上字後，還可以一邊泡茶一邊欣賞壺，一隻普通的茶壺恐怕就沒那種意境。

問 妳在雕刻壺的過程中，是否曾遇到困難？

答 一般收藏家收藏壺都選擇有價值的壺收藏，普通的壺不會喜歡，我雕刻壺比較不會有這些顧慮，任何一種普通的壺我都會刻，而壺也因字貴，字因壺傳，成為收藏家珍藏的寶壺。所以，在我雕刻壺的過程上，困難可以說不多，我覺得蠻簡單的。

問 可不可以談談妳刻壺後的感想，有何心得？以後是不是會往這方面發展呢？

答 因為我學的東西實在太多了，我自己也不知道會往那條路發展。刻壺是我最近才接觸的藝術，在它上面得

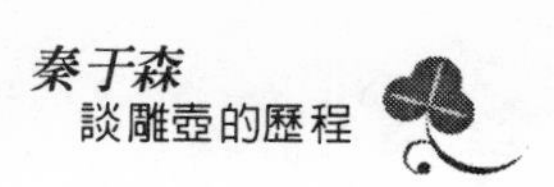

到的感想不算多。在我印象中刻壺給我最深的感覺是當我每一刀每一刀劃上去時，那種快感實在很好，當然在剛開始雕刻時總是比較難，所謂凡事起頭難嘛！可是往後一刀一刻都是自己的作品時，那種成就即是心滿意足！

問 **妳覺得刻壺最重要注意的是什麼？**

答 最重要的是控制自己下刀的快慢、輕重，其餘也就沒什麼難的！

問 **妳認爲需具備何種條件的人，才能刻壺？**

答 我認為每一個人，只要他有這方面的興趣就可以刻壺。

問 **我們知道妳五歲時就開始學藝術，在妳學習的過程中，妳覺得什麼人影響妳最深？**

答 影響我最深的人除了我父母外，我的啟蒙老師葉公超葉公公可說是影響我最深的人；當然在我受教的過程中，每一個老師對我的影響力都很大，而且每一個老師，在跟他們學習過程中，都有突破性的發展，所以每個老師的影響力都很大。

問 **可不可以請妳談談這一代年輕人對藝術的看法？**

答 我覺得從事藝術工作蠻有刺激性、創造性的。藝術也間接代表著這一個國家人民的層次，如果想要讓藝術的意境能夠提高，最重要的是敢去創造、突破；也只有敢於創造、突破，有領導能力的人才能走藝術這條路！現在我們國家從事藝術方面的年輕人也很多，但藝術最怕的即是遭遇現實的問題，沒有錢，似乎也談不上藝術了。所以我很希望我們國家能重視藝術，政府配合著去推展，我相信，我們國家的藝術就能順利進行！

問 **說說妳這十幾年來，印象中最快樂的事是什麼？**

答 快樂的事實在很多，但記得小的時候，爸爸常讚美我很乖，自己常常靜靜的在旁邊畫畫，爸爸就會對我說我很乖，就帶我出國玩，這是我感到最快樂的事！

問 **那妳覺得是否有不滿意的事，是什麼？**

答 小的時候，不滿意的事比較少，長大後因為接觸的人、事、物比較多，不滿的事也就愈來愈多了。記得有一位老師說過，拿現在的相片跟小時候的相片一比較，就可以發覺現在的臉上多一種憎恨的表情。尤其現在我在班上當班長，常常碰到許多不如意的事，有人說學校是個小社會，如果能在學校處理好人際關係，出社會也就差不多了。我覺得高中生涯是人一生求學階段十二年當中最重要的階段，在這段不大不小的年紀中，如何與人相處？相處得好，不滿意的事也就比較少，相處不好，自然會有許多不滿意的事。

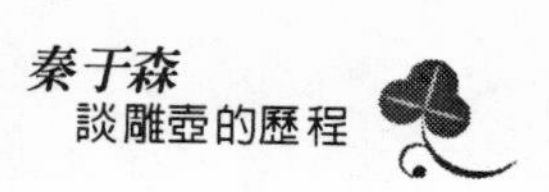

問 **在妳目前的生活中，感到那一方面的壓力最大？**

答 我想是與同學之間相處的壓力最大，在學期間每個人的反抗性都比較大，主觀性比較強，很難接受別人的意見，所以，我感到人際關係目前帶給我很大的壓力。

問 **可不可以談談妳將來的計劃？**

答 目前我最重要的是先考上大學，大學畢業後先找一份安定的工作，當然最好是能夠找到有關藝術方面的工作，發展自己的興趣，如果不能的話也沒關係，因為工作與興趣是可以分開的，工作之餘仍然可以發展我的興趣！不過，我還是希望工作跟興趣能夠結合那是最好的！

問 **談談妳對茶知道多少？對茶的看法如何？**

答 當我學了茶藝後才了解茶原來還有分低、中、高三種茶，有好茶與壞茶之分，我覺得茶本身的性質具有柔、剛和頑劣的性格，每個人對茶的偏好也都不同。因茶葉的性質很多，覺得茶是很深奧的東西，不是一時可以學來的，需要長時間的投入和研究，而且我覺得做茶實在很辛苦，想想看在你手中一小撮的茶葉，可是要經過多少人精挑細選出來，程度差一點，就變成不同種類的茶葉，比起稻米來，可說比粒粒皆辛苦還要苦。

問 妳覺得茶和人生有什麼關係？對人生有何啓示？

答 我對茶不敢說有多深的體會，但喝茶給了我一種啟示：任何事情都要平心靜氣，慢慢來，不要著急，凡事也都有先後順序，安排好，不可本末倒置，就像泡茶時，先後各有順序不能遺漏。

徐運全

【茶藝室內設計師】

談太極與茶藝

徐運金是一位樂觀進取的室內設計家，他不僅懂得品茗的奧妙，對於太極拳、風水、陽宅更有很深的造詣；因此請他做室內設計，可以得到很多的相關知識。難怪，很多經過他設計裝潢的人家都鴻運通達。

徐先生也是太極門茶藝館的創辦人，早期經常舉辦茶藝文化方面的講座，也是把屬於「文」、「靜」的茶藝結合屬於「武」、「動」的拳術的執行家。所以，我們特別訪問徐運金先生，請他談談茶藝、武術以及室內設計方面的問題，經過他精闢的解說，使我們獲益匪淺。

* * * * *

問 請問徐先生是在怎樣的情況下開設太極門茶藝館的？

答 我家裡原本就種茶，又在一次偶然的機會下，跟施翠峰教授第一次到茶藝館裡去喝茶，當時覺得非常親切，氣氛很寧靜、詳和，在裡面喝茶可以讓人深思，獲得靈感。於是我想，以我們練拳的人都能產生這樣的感受，相信一定會有更多的人喜歡茶藝館的，因此我便有了開茶藝館的構想。

問 請徐先生談談太極門茶藝館的特色。

答 民國72年4月，「太極門」正式開幕。我們的特色是：想藉著茶藝館的設立，除了推廣茶藝之外，並宣揚太極拳。因為太極拳同茶藝一樣，都是流傳數千年的文

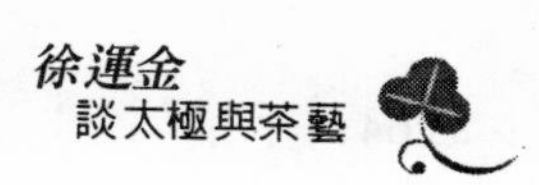

化，所以應該將此二者結合推展。在武術當中，屬於外家武功的少林、武當、鐵砂掌、鷹爪功等，均已不適於這個時代而逐漸被淘汰，然而太極拳仍然能為現代人所接受，同時更發揚之，這是因為它不但是一項修行和技術，更具有很高的形而上哲學，故練拳的人跟喝茶的人是同屬於性情中人的。

問 太極門茶藝館的性質略不同於一般的茶藝館，是不是來喝茶的朋友也比較不一樣呢？

答 以客人來說，程度上的差別很大，過去由於我們的地點是開設在商業區，來喝茶的人是多階層的，所以當初在設計時我們就隔了幾個房間，讓比較吵鬧的客人擁有屬於他們的空間。幾年來我深深地感覺到，茶藝界的朋友情誼真摯，而非像商場中的友誼那麼短暫且不易相知。

問 請徐先生談談茶與太極拳。

答 太極拳和茶同是講求意境的東西，我從喝茶、練拳的體驗當中，將之分為三大境界，而此三境界是相通的。

一、**技術方面**——以茶而言，就是泡茶、選茶、識茶具等的素養；以太極拳而言，就是純熟的招數、架勢等的功夫。

二、**藝術方面**——以茶而言，將之生活化與藝術化，此則需要個人的修為；以太極拳而言，除了武、力之外，揉入美與藝術，否則只能成為一介武夫了。

三、道方面——這是很高的層次，以茶而言，像良心茶藝館提出社會良心觀念，作為茶藝的目的推廣，就是達到了最高的境界，因為它不僅是傳習技藝、樹立藝術文化，更是一種社會工作；以太極拳而言，就是要讓國家富強、人民康樂，使每位國民都擁有健康的身體，以至修身、齊家、治國、平天下。

問 **對於目前茶藝界現況，徐先生有何看法？**

答 目前茶藝界的陰影很多。我想最重要的是政府的重視與支持，應將我們的茶藝列入國家傳統藝術之一，成立研究發展單位，建立屬於中國的茶道，並對茶師的技藝考核及社會地位等樹立權威性，使茶藝成為我們國家的國寶，提昇國內茶藝界的水準，將中國茶藝發揚於世。

問 **請徐先生對「茶藝」下一個定義。**

答 我想下定義我還談不上，只是我覺得茶藝應不僅只在泡茶、喝茶，還需要有知識為內涵。若要談茶藝，我想最起碼除了要懂得茶的種類、製造等這些常識以外，同時尚需具備深厚的文學修養，如此才能稱之為「茶藝專家」。當然並非人人都能達到這種境界，不過我想，喝茶的人應該都能領略到喝茶當中的安詳與寧靜，並能從人與人間的接近悟出更多的人生生活哲理。

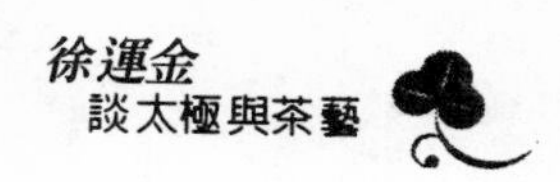

問 **徐先生也是從事室內設計的，是否請您談談一般家庭中喝茶場所的設計？**

答 通常我總會建議顧客設計一個喝茶的地方，空間與場所都不必太拘泥，也不需花太多的心思去特別設計，只要選擇一個適當的小空間，在客廳最好，餐廳也無妨，擺設一個茶桌，放置一個茶櫃，並設計一個方便、美觀的水槽，如此便是一個很好的品茗環境了。

問 **對於目前茶藝的推廣，徐先生看法如何？**

答 我想任何一種學術要推廣，首先它本身必須具備完善的理論，使人容易學習，然後才能超脫出形式，作更深廣的創造。因此，現今茶藝不論在技法、理論上莫衷一是，在推廣上就造成了很大的阻礙，而未能普及，我想，這一點是極待克服的。

劉漢介

【泡沫紅茶的開拓者】

談茶藝理念

民國77年8月9日中午，艷陽高照，暑氣逼人，茶友黃錫宏開車到台中，預定訪問久已準備拜訪的「陽羨茶藝中心」劉漢介先生，約下午一時到達台中，經電話聯絡，劉先生很高興歡迎我們去。到了「陽羨茶藝中心」，立刻被它那古色古香的裝潢所吸引，一樓是冷飲部，地下樓是茶藝部，從一樓的營業狀況您會感覺到，它是古典的軟體設計，顧客大多數是年輕朋友，而飲用的則屬於現代的泡沫紅茶，生意非常的好；地下樓就顯得清靜幽雅，步調較緩慢，不像樓上的忙碌感覺。

總之，「陽羨茶藝中心」是一項突破的新理念，可以說是時代應運而生的結果。

籍貫台灣雲林的劉漢介，因自幼看長輩喝茶，種下了與茶結緣的因，父親是小兒科醫生，帶給他不虞匱乏的經濟生活，二十二歲那年就有能力選購上好宜興茶壺，把玩養壺的樂趣，也因著這興趣讓他投入中國茶藝的追求行列當中，廿九歲那年即著手編著茶藝書刊，經過一年時間即順利出版，由此更可印證劉漢介先生的才華。

當問及他何以今天能在短短的幾年內開創別具風格的茶藝館，以冷、熱飲兩全其美的經營方式而不墜時，他客氣的說，當年對茶藝有興趣，閒來就在報刊上寫寫文章，陸羽茶藝中心總經理蔡榮章先生對他頗為賞識，並且鼓勵他在茶藝界繼續努力，希望將來陸羽茶藝中心能擴展連鎖店由他來負責。在陸羽茶藝中心工作了一段時間後，他覺得不如將自己的理想由自己付之實現。於是他於七十三年回到台中開設「陽羨茶藝中心」，當時是以泡沫紅茶為主要號召，劉先生提到當時會以泡沫紅茶為主要訴求，是因為紅茶最符合現代人的需求，冷熱飲皆相宜，況且紅茶是世界最普遍的茶，他如是說。以陽羨為店名，是希望大家「飲茶思源」。

從前，賣茶是低微的工作，現在由於知識份子投入了茶藝的行列，帶動了茶藝的發展，同時也提昇了茶藝的層次，但從事茶藝工作這幾年來，他不太願意多與人打交道，他說：「名滿天下謗亦隨之」，人的壓力會使人退縮，要經營茶藝業，最好家人能一起參與，這樣可使生活與事業結合，不會有不協調的情況發生。

目前陽羨茶藝中心有六家連鎖店，一家加盟店，市場的需求仍然很大，所缺乏的是人才，有人才就可再開連鎖店，劉先生希望有更多的人加入他們的行列。陽羨茶藝中心約可分為三大類別：「春水堂」以冷飲為中心：「木樨堂」屬於茶藝館，冷熱飲都有；第三類是屬加盟店性質。

劉漢介先生說：有人認為，茶是水最美的變調，更迷人的是我們把它詮釋精義，古曲新奏，讓音符跳動而流行。茶與酒是人的知己，酒固道廣，茶亦德素，古人以為茶性儉，適於精行修德之人，我們把它變得更慷慨適合任何人。

「追求個人品味，講究與眾不同。」是當今台灣茶藝界所呈現的景象。劉漢介所走的路線是以組合色彩，擷取精華，古今中外，包容並蓄為原則，因此不走開發路線；而是

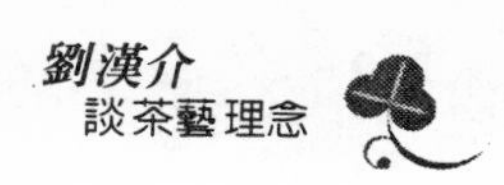

站在消費者的立場，把現成的東西做感性的配合，走向自然、乾淨、經濟、實際四大要點。在品茗環境的佈置方面，古典而貴重的傢俱當然生色，然而杉木釘製成的桌椅架，更自然而容易取得。名人字畫所費不貲，自己運筆塗抹，則別饒趣味。

劉漢介認為正確的泡茶待客之道，應該是靈活運用當代傑出茶具，給予適當組合，就地取材，突破古董珍玩窄門。重視小壺泡茶，從客人到來之時就給予鼻、眼、耳、口、心五種意識享受，把茶藝的範圍由單純茶湯享受給予擴大。現代種種茶具的開發和茶藝的活動，無非為茶。

自民國73年起，劉漢介就開始推廣茶藝，開辦茶藝講座，他特別重視「台灣人認識台灣茶」的工作。他所以提倡冷熱飲茶，是有鑒於台灣飲熱茶的時間只有三個月，冷飲可達九個月，中老年人在人口金字塔尖，青少年充滿底基，市場潛力極大，照顧這些人喝茶也是責任。因此，他認為：「冬日泡茶待客，宜以熱飲驅其寒意。」「春夏秋泡茶待客，宜以冷飲解其暑渴。」

劉漢介認為：客人會到您這邊來喝茶，可以說大多數是人的魅力，他是要來和您聊聊，覺得跟您在一起是一種樂趣，可以得到一些什麼？別的地方所沒有的東西。因此，茶藝館除了提供好的茶，好的設備之外，經營者是影響成敗的重要因素。

問起劉先生將來有什麼計劃，是否要再繼續擴增鎖店，他說，只要有人才，他就要增設連鎖店，可見目前茶藝業的市場仍然很大，仍然有需求，所缺乏的是經營的人才。根據瞭解，近年來，茶藝館的確需才孔急，如何培養人才是當務之急。

將近二個小時的訪問，劉漢介的熱忱和對茶藝的執著，頗令人感動，但願有意從事茶藝者，應該有擴大突破的勇氣，打破窠臼，讓茶藝走出更燦爛的道路。

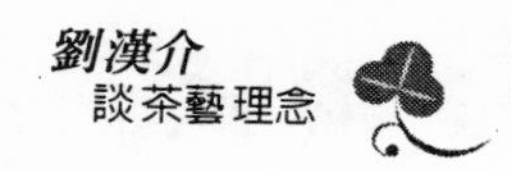

婁子匡

【國寶級民俗家】

談茶藝的由來

婁子匡教授是國際知名的中國民俗學家，也是現代中華茶藝的倡導者，對於年輕一代有心從事民俗研究者，無不熱忱的指導。

婁教授目前居住在外雙溪畔的半山腰，終日與書、茶為伍，很久以來就想專程拜訪這位關心台灣茶藝發展的長者，經過事先的約定，茶仙潘燕九先生也一起前往，大家談中國民俗、談茶，真是快活。

婁教授對於目前台灣茶葉價格的懸殊、茶藝文化的發展方向頗為關心，他對於年輕人投入茶藝文化的抱負也非常鼓勵；但是，他說，要推動茶藝文化必須要能穩定經濟基礎，要不然很難長久以往，茶藝界也要團結合作，集中力量來推動，這樣才能把中華茶藝的發展速度加快，步伐才能走得穩。

*　＊　＊　＊　＊

問　請問婁教授何時開始研究中國民俗的？

答　我在大陸時就研究中國民俗，到台灣以後依然研究這方面。不過來台後，我先研究烹飪，我寫的書第一本就是茶，第二本是酒，以下的就是有關烹飪的書了。我希望家家戶戶都懂得烹飪方法，都能吃到好吃的東西，吃到平常很少吃到的東西，像漢朝端陽節時皇帝都喜歡吃梟，湖南、四川有人吃烏龜，但是這些東西怎麼吃呢？我得仔細研究了！喝茶，也是一樣。

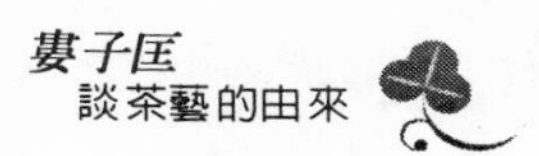

問 請婁教授談談台灣的茶藝是如何興起的？

答 十幾年前，台灣的茶菁一公斤只賣五元，這種價錢茶農那願種茶，因為不夠成本嘛！當時，製茶公會總幹事林馥泉先生來找我，他說：「再這樣下去不行了，茶會被咖啡打倒，台灣的茶園都荒蕪了，沒人願去整理茶園，怎麼辦？」我就告訴他說：「放心！我們中國人是喝茶的民族，咖啡是不可能取代茶的。但重要的是該如何做呢？不能只講空話，必須立刻行動，以後任何會議都要喝茶。」因此，我們成立了「味茶小集」。林先生很認真，每次開會一定先到會場把各種茶泡好，並大力提倡國內的飲茶風氣，就這樣，漸漸將茶推展出去。回顧63、64年至今，發展成現在這麼一個茶的天下，真是一條辛苦漫長的路呀！至於「茶藝」，是一個新的名詞，過去並沒有這個詞兒。當時，大家講的都是指日本的「茶道」，或韓國的「茶禮」，但中國應該有屬於自己的東西才是，因此，在一次茶宴聚會上，我提出了「茶藝」這個名詞，均受與會人士的贊同與支持，「茶藝」就是由此來的。

問 請婁教授談談對台灣目前茶藝文化的看法如何？

答 「文化」該是做人所需要的事，而茶藝即是人所需要的東西，因此提倡茶藝活動是推行文化活動的一部份。其實啊！茶是現代生活中與我們最有直接關係的東西之一。民國67、68年台灣喝茶的風氣已經慢慢恢復起來，種茶的朋友因而發了小財，賣茶的朋友也發了大財，喝茶的朋友因為經濟景氣，花得起這些錢而買茶喝。茶藝館由此應運而生，茶與藝術更因此結合在一起。在中國傳統文化來說是一項創新的東西，「茶藝」也因此表現得有聲有色。我們應該把「茶藝」兩個字叫得響亮，把日本人的茶道、韓國人的茶禮壓倒，創造出我們中國人的「茶藝」文化。

問 **請問婁教授對於目前台灣的茶業是否覺得有什麼問題存在？有否要改進的地方？**

答 台灣的茶市場已被生意人搞壞了，價格抬得過高，造成消費者的負擔。茶在今天已經不是國飲，而是奢侈品，那有一斤賣到六、七千元？甚至上萬的茶葉呢？我們應該讓大家都能喝到物美價廉、貨真價實的好茶才對！所以，我一直有個願望，希望大家都能喝到便宜又大眾化的好茶。

問 **婁教授對目前台灣茶比賽及茶價過高看法如何？**

答 過去茶比賽時，有人請我去當評審，我都拒絕了，因為我不懂得茶嘛！現在的茶比賽就是那幾個人，到底懂不懂茶還是問題。至於茶價過高的原因，茶農說工資太高了，可是外國的茶都很便宜，如果讓外國的茶進來，會造成台灣的茶賣不出去，到時候反而大家喝外國的茶，如此不是很得不償失嗎？

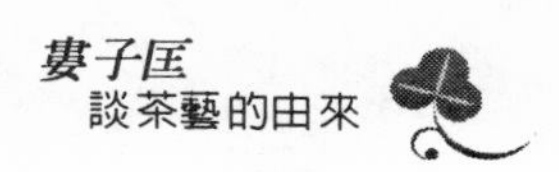

問 **請婁教授談談茶跟水質、茶具的關係。**

答 好的水質是很重要的，有好茶的地方大多就有好水，有好水的地方就有好湯品。我生在浙江西湖，那地方的龍井即是好的茶品，泡出來的茶也特別好喝，我從小就喝茶，是因為家鄉水質好的關係。至於茶方面，我也花了不少時間去研究，喝好茶需要一付好的茶具配合。把茶藝的「藝」字放在茶具方面，更能顯現出茶藝的豐富面。

問 **請問婁教授，台灣茶與大陸茶何者較好？**

答 剛到台灣時，我覺得大陸茶比較好，後來，台灣的製茶技術逐漸改進，品質提昇很多。另外，由於氣候跟茶葉品質有密切關係，台灣春、夏、秋、冬四季均產茶，季節所產之茶，皆各有其特色與口味，這點是大陸所沒有的。因此，還是覺得台灣的茶好！

問 **婁教授對未來茶藝的發展有什麼看法和期望？**

答 今天的茶藝活動有不少毛病，應該把它醫好，這些毛病的問題主要發生在消費者對茶的知識太貧乏，加上一些唯利是圖的商人不擇手段，結果弄到現在這麼亂。記得十幾年前，剛提倡茶藝時，大家都抱著文化理想在做，當時成立「西門茶藝」，場地非常大，約有兩百五十坪，做得有聲有色，只可惜一直無法維持，不知目前該茶館是否還存在？當時在茶藝朋友建議下，成立「味茶小集」，結合了不少愛好茶藝的年輕朋友。這個「味茶小集」影響非常深遠，韓國、西德及其他國家的朋友因而前來聯繫。這些「味茶小集」的朋友們，因為喜歡茶而研究陶，又因陶而漸漸喜歡上壺。因此，一時之間，融合了茶藝、壺藝、陶藝而欣欣向榮，可以說是茶藝文化影響的結果。

問 **婁教授提到茶藝的毛病不少，應將它醫好，請問應該如何醫治呢？**

答 你這個問題問得很好，就像范先生辦的「良心茶藝館」非常好。我覺得如果大家無論做茶、賣茶或從事茶藝工作，都能本著良心去做，那麼這些毛病自然就會醫好了。尤其希望從事茶業的人，一定要規規矩矩的做生意。茶是大眾的飲料，不要抬高價錢，更不要做假茶，應實實在在從品質上下工夫，讓大家都能便宜地喝到好茶。如此一來，相信推展茶藝工作必能得到支持，並將它發展起來。

問 **請問婁教授應如何進一步發揚中華茶藝？**

答 應該將茶的藝術貢獻給社會大眾，讓茶藝的社會範圍逐漸成為全面性的。而要擴大茶藝範圍，最重要的是種茶的人應與社會多接觸，充分瞭解社會的需求是什麼？如此推廣茶藝較容易些！

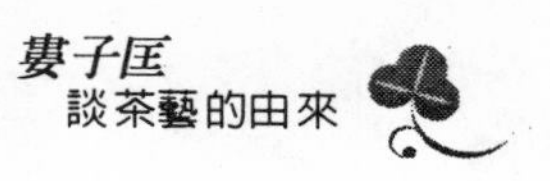

李友然

【中國茶館館主】

談中國茶道

李友然先生是推展現代茶藝文化的前輩，早在民國63年的時候即在台北中山北路開設一家「中國茶館」，推展以目前這種小壺泡茶的方式，為台灣今天茶藝館開風氣之先。

李先生執著於自己的理想，以販賣台灣高級茶，尤其是凍頂茶為主，並在現場提供泡茶的道具，就這樣開起中國茶館來，當時可說絕無僅有。

李先生亦經常接待日本客人及前往日本發表有關中國茶藝的演講，對中國茶藝在日本的發展貢獻不少。因此，我們特別訪問李先生，請他談談有關中國茶藝的發展看法，以及凍頂茶的種種。

*　*　*　*　*

問 **請問李先生何時開始喝茶？**

答 從小我就和家父一起喝茶，他一向選用上好茶葉，所以身體很健康。每天早起一定喝好茶，好茶的功效比普通茶顯著。

問 **您何時開始經營中國茶館？是否請您自我介紹一下？**

答 我早年是宜蘭縣羅東人，早稻田通信大學經濟政治系畢業，是西德朋馳汽車的代理商，年紀大了以後，決定改行。

民國63年成立中國茶館，從事茶葉買賣，並推行茶藝。有的報刊誤傳本館倒閉，有澄清的必要。

問 **品茶的基本條件爲何？**

答 一、先懂茶的種類。

二、明白茶與健康的關係。

問 **品茶的精神是什麼？**

答 中國茶藝著重精神層面，靜神養氣正是品茶的境界。

問 **爲什麼「凍頂茶」被稱做「皇帝茶」？**

答 清朝時，凍頂山的茶葉民間喝不到，只有皇帝才能享受到，所以稱做「皇帝茶」。

問 **茶與健康有何關係？**

答 四千年前，神農氏嘗百草中毒，而後用茶樹解毒。茶解鴉片毒最為有效。茶能生津止渴，除口臭、助消化，又能提神減肥、滋潤皮膚、促進新陳代謝、防止老化、兼治便秘，因茶本身就有醫療效用。

我認為喝濃茶效果最好，茶性可以充分發揮，對健康有莫大的幫助。我已經七十幾歲了，很少人能猜得出我的實際年齡。為了健康，最好鼓勵大家喝茶。

問 **茶藝館業日益蓬勃，您的看法如何？**

答 我很佩服有心經營茶藝館的人，因為茶藝館並非一種生意，而是文化藝術的媒介，推展茶藝活動，必須撇開生意經。如果打算經營茶藝館，規模不要太大，至多五十坪左右，這樣可以節省開銷。茶藝館未必要富麗堂皇，應以清靜高雅為原則。政府應設立新的法規，使茶藝館合法化，這種具有文化氣質的場所，值得鼓勵。

問 **日本人的茶道淵源於中國，除此之外，在文化上還有什麼相近之處？**

答 中國人認為「道」是高深的，所以不隨便論道。日本茶道，儀式繁瑣，茶具乾淨，多半飲用「煎茶」或「抹茶」。中國人飲茶，特別注重精神修養，姑且不論日本人泡茶的藝術是不是生活的藝術，對於日本女子的修養，卻有很大的助益。所以有人說「住洋房，吃中國菜，娶日本太太」。日本的文化藝術受中國影響很大，京都的橋以及紙門、榻榻米等都仿自中國。宋代以天目碗飲茶，日本也有這種茶碗。令人痛惜的是，大多數的人把這些中國傳統的建築當作日本的特色。

問 **爲什麼您專門經銷凍頂茶？**

答 南投鹿谷的「凍頂茶」，盛名遠播，行銷歐美及東南亞。起初凍頂山茶農在台北無經銷場所，消費者到處買不到、喝不到純正的凍頂茶。茶農打算聯合在台北促銷，我願意和他們合作，於是開始凍頂茶買賣，以貨真價實為原

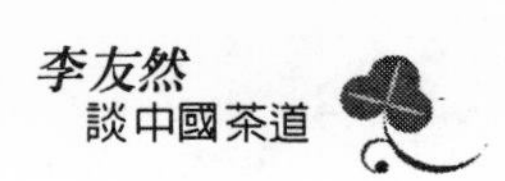

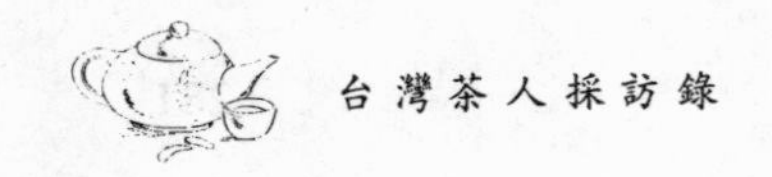

則，從不把「烏龍」當「凍頂」賣。

問 **凍頂茶特色如何？**

答 凍頂山上的水質甚佳。山上的山氣也與山下不同，喝下去特別香醇，喝過以後喉韻慢慢出來。普通茶一會兒就香，但香氣很快揮發，凍頂的奧妙無窮，得了便知。凍頂茶品質純正，喝了不傷胃。普通濃茶喝多了則有損腸胃。

問 **中國一般飲茶的方式有那些？**

答 一、公眾場合或工廠、農場以大茶桶泡一桶，大家以杯子盛茶來喝。

二、一般家庭、公司行號，商店待客以瓷器茶杯泡茶敬客。

三、非常考究的上流社會愛喝茶人士，以精細茶具以及高貴茶葉，泡出香味四溢的濃茶。

問 **您將來準備如何推廣茶藝？**

答 我以後打算採用細水長流的作法，多多提倡喝好茶，人們喝茶以後，健康獲得改善，對茶就會產生興趣。中國人泡茶的方法，需要茶、開水、茶具互相配合，十分奧妙，不能隨便定標準。鐵觀音、包種茶、烏龍茶等都有不同的泡法，泡茶的水溫也有區別，運用之妙，存乎一心。

問 **喝茶要注意什麼？**

答 早起可以喝茶，但不可過量。如果早上喝不完，可以留到晚上喝，但是隔夜最好不要再喝。早飯以後喝茶能夠幫助消化。服藥二小時以後，才可以喝茶，以免藥性消失。

「靜、中」兩字可以代表喝茶的態度，要保持安靜，經常提醒自己做一些有益社會、有益人心的事。

問 **您一直強調茶與健康的關係，那麼年輕人是不是應該買茶孝敬父母呢？**

答 《三國志》中提到劉備費了很大的心力，看中了好茶想孝敬母親，寧願以隨身「寶劍」換取好茶，可見好茶價值連城。

買好茶孝順父母的風氣值得提倡，老人家喝一段時間以後，在身體、精神上都會改變，而且能增強耐力，消除疲勞，幫助消化。所以顧客買茶，健康獲得改善以後，我的心裡亦感十分高興。

白宜芳

【台灣野生茶研究者】

談台灣蒔茶與野生茶

白宜芳在高中時代就關心茶，後來他在台灣藝專念書時，對於祥興的水仙、武夷、鐵羅漢等陳年口味非常有興趣，在萬華的一家老茶行裡與林枝先生的接觸再一次加深了對陳年茶的認識和對器物的鑑賞。

1984年到了凍頂山，認識蘇石鐵先生，體會到：要研究茶須從現有的台灣茶著手。更發現凍頂山本地固有的種——山茶（蒔茶），這種茶的質雖然較不足，但茶的滋味比較明顯且表現出原始的風味，頗有山頭氣，給人無限的生機、遐思和想像。因為這種山茶品種的改變深受自然影響，是觀察歷史和環境很好的依據。不同的品種有不同的屬性產生，刺激研究不同的製茶技術，透過變數的煎熬，更能珍惜自己的精神，同時體會出：學習永遠是一個過程。這是白宜芳何以提出「手腦並用的品茗」之原因。

我們在12月30日到座落在台北市水源地附近的白宜芳工作室採訪他：

*　*　*　*　*

問　請問您爲什麼會對野生茶和蒔茶產生那麼大興趣？

答　若以藝術的觀點而言，台灣茶在近一兩百年之內，極少人關心過它的品種和質地問題，不僅質地問題及有關環境污染的問題嚴重，對一個愛茶人而言，總有種萬劫不復的悲哀。愛茶人追求自然環境成長的茶，較具靈性，而有生命的茶樹對人類和社會具有和諧作用，我對野生茶和蒔茶

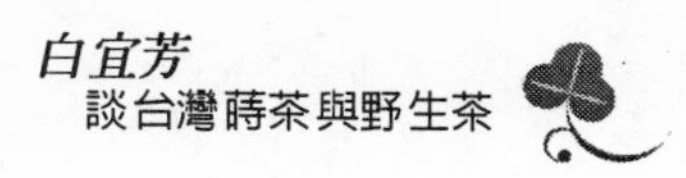

產生興趣主要還是想提倡自然而健康的飲料。

問 **二者有何不同？**

答 野生茶是原生茶，土生土長，年代久遠，探及它的來源可能要牽涉考古學更深的問題。蒔茶較不注重學術性，目前，以種子種植曰名茶，自然雜交、品種繁雜，故乏人照料。採收蒔茶，接收自然界靈氣的孕育，不同於市面流行固有的品種，蒔茶在此環境長大，深具環境適應能力，若以科學言，較接近中國科學的方向。這兩種茶之不同可以說是在朝和在野兩種力量的抗衡。

問 **您對此二種茶的感想如何？**

答 我希望成立開發小組，共同進一步來作各種實驗，讓此二種茶各有其發展。

問 **您認爲此二者的發展前途如何呢？**

答 我認為可分為兩方面來發展，一種朝向藝術方面，但要具有藝術性態度，完全是要由個人生命觀的態度來發展，另一方面則朝向商業方面，慢慢發現優良品種，進行各種實驗，使它們變成經濟作物。

問 **目前你個人對製茶近程或遠程的計畫如何？**

答 我想出租炭焙間，讓與我有同好的愛茶者共同來研究，目前我對野生茶的經驗尚有限，且沒有足夠的人手及經濟能力可進一步來發展，眼前能作的是到各茶區熟悉產地，就近親自參與，但是，這樣的速度太慢，最好有一團體共同來作。

問 **對目前台灣茶業界的方向和現況，您的看法如何？**

答 雖然近代以來，茶文化曾有斷裂現象。但是，以現況來看，年輕人只要致力於此，加上年長者的經驗及提供資料，相信台灣茶業界必有光明的未來，我對台灣的茶業界，不管是現況，或是未來方面都抱有樂觀的看法。

邱苾玲

【快樂家庭主持人】

談前世因緣喝茶經

主持「快樂家庭」的邱苾玲小姐，是一位喜愛茶藝，卻不囿於形式的讀書人，不論她忙碌時、清閒時、快樂時、或者是擔憂時，茶都是她最親切的伴侶；如果，沒有茶的日子，不知道將怎麼來進行一天的工作。

一向以全部精神投入工作，並不斷要求創新的邱主編，她有許多獨特的創意，每月創造新鮮的主題以饗讀者，因此「快樂家庭」，期期都有精彩的文章，也有新鮮的知識。

邱小姐能有源源而來的創意，是否跟平日喜愛茶有關係呢？為此，我們特別訪問她，請她談談，她喝茶的歷史因緣和她對目前台灣茶藝發展的看法。

＊　＊　＊　＊　＊

問 **請問您是什麼時候開始喝茶的？**

答 我從小學二年級就開始喝茶，雖然家裡的人不喝茶，我也不懂得茶，但是我實在喜歡「茶」的感覺。自從第一次接觸茶後，就有一種「似曾相識」的感覺，從此便愛上它了。日後，我上課水壺裡帶的是茶而不是開水，也感染周圍的朋友愛上茶。

問 **家裡的人不喝茶，妳怎麼會喜歡喝茶？**

答 或許該說是前世因緣吧！第一次在親戚家裡喝到茶後，那種熟悉的感覺是無法形容的！我就是喜歡它。

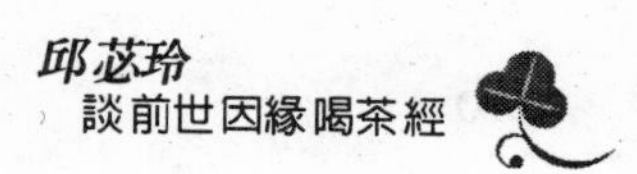

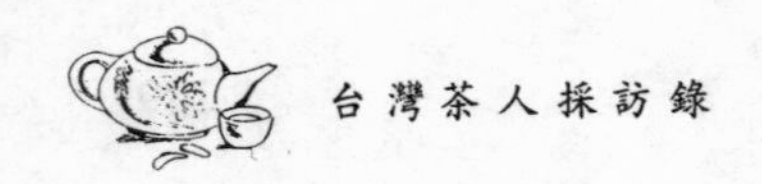

問 **還記得當時喝的是什麼茶？**

答 對不起！不記得了。

問 **您的學生時代，（從小學至大學這段期間），對茶的觀念是否有任何變化？**

答 這些觀念點點滴滴都已變成生活的一部份，印象最深刻的該是左鄰右舍，連不喝茶的家人都受到感染，一大堆人都喜歡到家裡泡茶聊天，家門前還擺了一桶茶奉茶，不但增進了跟家裡人的感情，也促使鄰坊之間的感情更加融洽。

問 **您對喝茶有何體驗？**

答 感覺整個人清心寡欲，可以沈澱心思，啟發靈感，思想泉湧。總之，我覺得身心都可以很舒服。

問 **您工作那麼忙，如何安排喝茶呢？**

答 在家裡，忙完家事後，我會很悠閒的泡壺老人茶來享受品茗的藝術，上班時間，限於時間、空間只能喝大桶茶。

問 **如何選擇茶？**

答 我不懂得茶，也不知如何選購茶，只是在大學時，在台中唸書，因此較靠近南投凍頂山，因愛茶的關係，有機會就往那跑，也就漸漸喜歡喝凍頂茶。人也會隨著心境的不同而選喝不同的茶，譬如快樂時我就喝凍頂烏龍茶，感到煩悶時我選清香的文山包種茶，茶跟情緒有關，什麼情緒喝什麼茶，這是我的一點體驗。

問 **請您給喝茶的人一點建議好嗎？**

答 這我不敢，因為我對茶只是一廂情願的喜歡，沒啥研究，怎敢給人建議。

問 **在您的記憶中，對茶感到印象最深刻的是什麼？**

答 高興、不高興時均會想到喝茶，選擇我當時喜歡的口味，只覺買茶不會造成我的困擾，每個月我都會買一些茶。

問 **您認爲茶價多少合理？**

答 大壺茶一斤八百元左右，小壺茶一斤二千元左右都還算合理。

問 **對目前茶藝界的看法如何？**

答 茶香代替咖啡香的趨勢已愈來愈盛，日本極力推廣茶道，我們應恢復茶文化。目前茶藝館的營業方式太商業化，價格也太高，讓許多愛茶的人怯步。

業者應降低價格，吸收喝茶的人口，統一茶業的價格，不要讓茶商隨便哄抬價格，有了標準可循，喝茶的人口應會增加。

問 **對目前的茶藝活動有何建議？**

答 時下茶藝活動仍不普遍，茶藝活動可以多舉辦一些茶山旅遊，看茶農作茶，聞茶香，到各處茶山參觀，木柵、梅山、凍頂山各地的茶園都可以去看看。

問 **目前台灣喝茶的禮節，您的看法如何？**

答 像目前正規的泡法我覺得蠻好的，功夫茶很雅緻，比喝大桶茶好多了。

問 **在家庭應以何種方式待客？**

答 在家待客時可以當場示範茶藝的精湛功夫，點點滴滴去推廣茶藝，我想這應是很好的待客方式。

問 **以茶待客的方式，在推廣會不會困難？**

答 一、茶藝館價格大眾化。

二、傳播媒體多報導茶葉有關方面的知識。

三、由個人在家作起，以茶藝待客，由小點擴散，如此多方面來推廣茶藝應會減少些困難。

問 **喝茶的男人不會變壞，您覺得如何？**

答 完全讚同，更相信女人喝了茶會更賢淑。

問 **一般人希望得到茶業那方面知識？**

答 我想一般人都蠻希望能得到辨別茶葉方面的知識，到茶行買茶才不會上當。

問 **目前泡茶方式有何建議？**

答 有人覺得煩瑣，事實泡茶應是一種嗜好，只要愛上它，也就不會覺得煩瑣了。

問 **喝茶時間如何選擇？**

答 我喜歡在夜半人靜時喝茶，有人喝了茶會睡不著覺，我不喝茶反而睡不著。

我喝茶的歷史已經很久了，這些點點滴滴已累積出一份感情，希望這情懷推廣至每一家庭，達到人手一杯茶的境界。

問 **對加味茶的看法如何？**

答 加味茶強調添加味，反而喝不出茶的真正味道，業者覺得甘、香會促進消費者購買力，真正懂得喝茶的

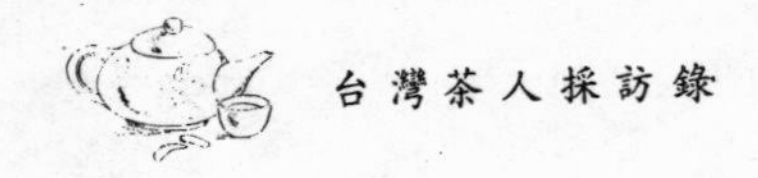

人，對加味茶是不會垂青的。

問 **茶商所訂的茶價，您覺得如何？**

答 直接感覺一般茶商的價格不統一，這是整體的意義問題，建立價格標準化、規格化是當務之急。

劉興爐

【茶業界的門外漢】

談製作茶藝影片

△圖中立右者是劉興爐

劉興爐先生以一個茶業界的門外漢，如何踏入茶藝界，並拍攝有關茶藝的錄影帶。這是條漫長艱苦的路，他的努力耕耘給茶藝界帶來不少豐碩的成果，茶藝界需要的就是更多像他這般的年輕人吧！

* * * * *

問 請問劉先生爲什麼會有拍攝「中華茶藝」的動機？

答 書本是一種靜態的呈現，有時候覺得看書太悶，不太能吸引人，所以引發我這個構想去拍攝屬於動態的茶藝，於是「中華茶藝」錄影帶就在這個構思之下拍攝完成。

我認為要推廣茶藝需要靜態跟動態互相配合，除了能欣賞書本上的靜態呈現外，配以動態茶園風光介紹，我想這更能吸引人的興趣。

問 何時開始對茶藝有興趣？

答 應溯自民國六十六年時吧！當時我是一家化妝品公司的業務員，因業務上之便我也常喝茶。後來一位經銷商老闆喜歡喝茶，為投其所好，我就開始去找有關茶的資料，才發現不但不容易找，而且資料不多，一般出版社又不敢出版茶書，認為銷路必不好，著實讓我困擾了好久。也是這個時候開始對茶藝有興趣。

問 目前除了拍攝錄影帶外，您還作那些研究工作？

答 以前在台灣日報當記者時，曾寫過專欄，報導一系列有關茶的專輯。現在除了任職於統一企業公司為正業外，其餘閒暇時就找同好一起拍攝中華茶藝錄影帶，純粹是嗜好及興趣使然，所以比較沒有壓力。

問 **請描述一下錄影帶有那些內容？**

答 內容有茶樹型態的介紹、茶園管理、茶的採摘、茶的製造、茶油製造、茶的種類、茶的選擇、壺的選擇、水的選擇、蓋杯使用法、宜興式沖泡技巧、茶食種類、茶的功效、茶的妙用等等，極為精采豐富。

問 **從事這麼久的茶藝工作，您有何感想？**

答 最感心喜的是能看到社會上，茶香已逐漸代替咖啡香，畢竟茶是我們固有的，雖然曾一度被咖啡所取代，現在逐漸恢復過來，總是一種好現象。

問 **對目前茶藝館的看法如何？**

答 在中南部的茶藝館，色情的意味濃厚些，使人怯而止步不敢問津，台北市有幾家茶藝館的擺設及意境都相當雅緻，其實，我有一種想法，若以麥當勞的經營方式去經營茶藝館，應該前景看好。

問 **茶藝界的未來如何走較好？**

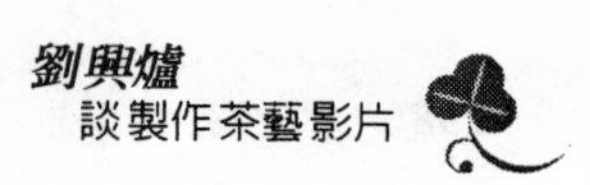

答 最好推廣到國際去，不要只在國內推行。

問 談談您這十年來茶藝的甘苦談、印象最深刻的是什麼？

答 製作錄影帶因為只有我一個人的力量，且資金有限，常常有無力感，為了生活，讓我無法全心全意去作。幸好，在拍攝的過程中，茶農蠻配合我的要求並教我作茶，另外各有關單位，如中華民國茶藝協會、製茶公會等也都給予支持，提供資料，這十年來的甘甘苦苦都點滴在心頭。印象最深刻的是藉拍茶園風光到各觀光茶園，可以享受到各地風景的美，且各地的民情最是讓我難以忘懷。希望我能在茶藝界有所貢獻，在茶藝界裡可以吸收到中華文化的氣息，充實人生感，讓我能至今留戀於茶藝界的原因即在此吧！

吳振鐸

【茶藝協會榮譽理事長】

談現階段台茶的問題

台灣近幾年來，茶業的發展可謂「突飛猛進」，一片欣欣向榮景象。

也許由於發展得太迅速，一下子未能調和觀念上的一些認知問題，導致消費者、業者和茶農之間，對於有關茶業的看法產生差距，使得茶業在發展過程中，衍生出一些迷霧。

有鑑於此，在本會常務理事，也是國內最大的茶業公司——天仁茗茶董事長李瑞河先生陪同下訪問了榮譽理事長吳振鐸教授，請吳榮譽理事長就一般社會大眾關心的茶業十大問題做一說明，內容精彩而精闢，頗值得大家仔細研讀。

* * * * *

問　目前在國外非常風行加料調味茶，而在國內市場上也迅速的成長，請問您認為本省的茶業界是否也應朝這個方向去發展？

答　加味茶在國外的確是相當受到消費者的喜好。根據農委會農情通訊第33期的報導，在1984年全世界加味茶的消費金額達七億美金，而其中最受歡迎的是檸檬與薄荷二種口味，加味茶等是世界上近十餘年新興的飲料，國內當然也可以向這方面發展。發展加味茶一方面可以使中、低級的茶葉在經過加料調味之後，提高了附加價值，並且可以使本省產量豐富的各類水果多了一個使用的地方，也使消費者在喝茶時有更多的選擇，所以加味茶是值得推廣的。不過業者在生產加味茶時，所添加的原料應遵照法令的規定，並且在包裝上標明成份時，不可以欺騙消費者。當然，我們更不可忽略了台灣茶的主流——不加任何添加物，純真的、富有傳統的技藝與文化內涵的各種特色茶。

問 **最近市場上傳聞有所謂退關茶的問題，請問您是否知道有這麼一回事？**

答 我不知道。退休後我多居鄉間，不過由於美元貶值，台幣升值，茶葉外銷利潤減少，可能把原來要外銷的茶轉為內銷。

問 **據資料顯示，近十年來台茶在種植面積上減少7,000公頃，產量降低11.4%，外銷量更銳減50.6%，請問我們該如何突破這個瓶頸？**

答 目前國內茶葉據農林廳的估計種植面積約26,000公頃，產量約23,000頓。至於種植面積的減少指的是桃、竹、苗等低海拔茶區的減少，其餘在嘉義縣梅山、阿里山等及南投鹿谷、信義、玉山、霧社、廬山等較高海拔的茶區都在增加。我認為今後台茶的發展，一方面有計劃的開闢山地茶區，種植新品種等，普遍提高品質，尤其具有代表性及地方性確有特色的茶，如凍頂烏龍茶、文山包種茶、木柵鐵觀音、桃竹苗的眉茶、煎茶、膨風茶以及日月潭及東部紅茶等應力求品質的普遍提高與成本降低，即使是目前價格較高也值得發展，不能讓我們傳統的特色茶就此中斷或被外茶所侵佔。另一方面我們也要政府及民間重點分短、中、長程計劃投資，使產、製現代科學化，運銷企業管理化，積極發展價廉物美，大眾化沖泡方便的茶。茶業改良場四年前已創設茶精工廠，也可以拿各產茶區季節產生較差的茶來做茶精、袋茶或加味茶，讓大家在任何時候都可以很方便的喝到一杯茶，如此的話，國內外台茶的消費量自然就會提高了。所以拓展市場，建立台茶的信譽，是非常重要的。

問 **最近在市面上發現有很多不打品牌仿冒的大陸茶，請問您對這個問題有什麼看法？**

答 據李董事長及范秘書長說：目前在市面上的大陸茶有些是走私進來的，有些也是本省茶商仿製的，加起來總共約近百種。我是很不贊成這種不打自己只是仿冒別人名字的做法，我認為國內的茶商應該要加強自己的品質控制，用自己的招牌來賣，如果真的是仿製，也應該在包裝上標明「仿」字，例如「仿龍井」、「仿碧螺春」等。不過我還是希望本省的茶商要發展自己的品牌，建立品牌的品質特色與信譽。尤其具有地方特色的純正高級優良茶——如「正欉木柵鐵觀音」或「正宗凍頂烏龍茶」等，更不宜任意摻雜，欺瞞消費者了。

問 **近來常有人說做高價茶這一行是有暴利的，您認爲對嗎？**

答 茶葉價格高並不一定就是有暴利，用廉價低級原料冒充高級高價茶才會有暴利。我們應該考慮到生產成本、品質及價位等因素。據我知道，有的高級茶即使是賣到一斤八千元還是低利潤，如高級白毫銀針等，因為它的原料取得不容易，採工、做工費時費心，做出來的成品品質極佳，它有那個價值，我們怎能說它是暴利呢？在民主、自由開放的社會中，「暴利商人」是有的，但是不能說做高價品，就是暴利。在茶界中，我曾看到茶友為台茶生產或開拓市場而犧牲私業。

問 最近有很多茶農自己兼茶商賣茶，請問您對這種現象有何看法？

答 近年來，人民生活水準普遍提昇，而市面上又不易買到貨真價實的純正高級品，於是消費者自己駕車往各茶區向茶農親自採購，這是形成茶農兼茶商的自然現象。不過最近我曾問過一位茶農說：「自己種茶還要賣茶，要開個店面還要一個人等客人上門，這樣做是不經濟的。」的確，我希望各地的地方農會或合作社真正做到為茶農負責打通「共同產銷」的管道，使茶農專心把茶種好、做好。再由茶商在良性競爭的前提下，使茶農與茶商都獲得適當的利潤，茶商可以發展自己的「招牌茶」，使品質與品級穩定，價格合理，讓客人喝到好茶，這樣彼此配合，才能使本省的茶更有前途。不論茶商、茶藝界人士或消費者都要知道茶農是茶界中最辛勞而重要的一環，要特別愛護而尊重。茶農也要自愛、愛人、團結合作，從遠處著眼，為大家的利益而共同努力。農會及茶商更要創立公開而公正的茶葉市場，建立橋樑為大眾服務。

問 請問您對機器剪茶等的做法有何意見？

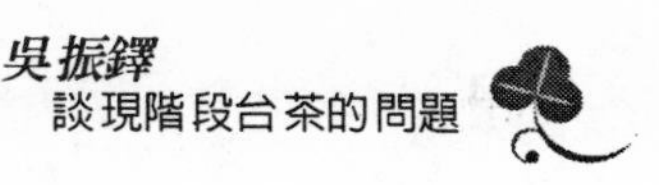

答 二十多年前，我就提倡機器剪茶及製茶機械化，這是使生產成本降低與品質均一的重要措施。要使茶葉普及化一定要推行機器剪茶，機器剪出的茶，在香味上可勝過手採的茶，只是較碎，但在成本卻降低了非常多，若要喝到價廉物美的茶葉，就必須要機械化。另一方面袋茶與茶精未來的使用量也在日益增加，而機器剪茶也最適合的了。所以要鼓勵並指導茶農用機器來剪茶及機械化製茶，而茶商與消費者也不要對機器剪的茶有所排斥。當然，機械生產的技術更要繼續積極的改進與輔導。不過，各茶區對高品質的茶期，或高品質而不適於使用機器的茶區，必須使用手採，何況手採是我國傳統茶藝的一環，不同的茶類有不同的採茶技術。採茶時的山歌更是中華兒女生活文化的泉源。所以保留一些用手來採，做一些最高級的茶，即使是成本高也是應該去做的。這樣才能將中國最傳統的茶藝文化傳下來，而嗜茶者也有機會品評到含有茶藝文化氣息的成品。所以飲茶的文化內涵與價值，更非單獨『金錢』所能衡量的。

問 **國外目前非常流行一種強調健康功能的草藥茶，您認爲這種茶在國內是否也應加以推廣？**

答 據前述資料統計，1984 年全歐洲售出的草藥茶達二1,000 公噸，而在西德草藥茶銷售金額的佔茶葉的銷售額45%。我國人是最懂得使用草藥的民族，據記載在唐宋時期或更早，中國人就已經有了茶加上草藥的茶，我們既然有這麼悠久的傳統歷史文化，國內當然應該要在草藥茶方面多努力，讓我們固有的草藥茶在世界上恢復一席重要的地位。

問 **國內目前每人每年的茶葉消費量約0.6公斤，您認爲我們該如何做，才能提高國人茶葉的消費量？**

答 前面已經提到。鼓勵國人飲茶不要單從醫學健康的觀點來談。茶葉固然有解渴、提神、利尿等保健功能，飲茶的生理功能，也需要醫學界積極研究及臨床實驗。不過茶也是我們日常生活的必需飲料，田間及工廠工作需要飲茶的時間，也可鼓勵上班族在上班休息時喝一杯茶，下班回家休閒時，或有客人來訪時也需泡一壺茶。我希望社會上能多多設茶藝館，教導人們如何泡好一壺茶，讓每一個人都能很方便的到茶藝館去喝茶。我曾說過：「飲茶」具有「養性修身」、「益智求真」及「敬業樂群」的內涵特質，透過新聞傳播界的積極輔導，是非常重要的。如此，每個人的茶葉消費量就自然會提高了。

問 **請您對本省未來茶葉的發展提出一些建議？**

答 本省茶業已有150年以上的歷史，在每一個發展階段，前人都投入了心力，我希望在今天這個面臨轉捩點的時刻，業者應該要摒除成見及顧全大局，彼此之間做良性的競爭，不要讓惡性循環再度產生，分工合作，共同為台茶的前途努力。

本省的茶業在世界總產量中僅佔1%左右，要想以產量來稱霸市場是不可能的，只有從品質上來努力。茶農專心的

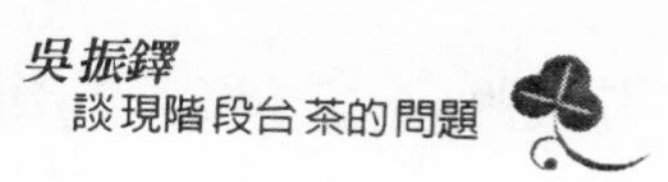

生產茶葉，茶商同心協力，同時愛護茶農與消費者，重視技術與企業管理，致力開發市場，建立自己品牌的聲譽，接受政府與民間社團之客觀而公正的輔導，使茶業在產、製、銷每一個過程中都能密切配合，獲得合理的利潤，讓各級茶葉有穩定的品質，如此台茶的前途才有發展。

最後我還是希望業者能捐棄成見，產銷並重，內外銷兼顧，共同合作。從產業的觀點來看，利用機器生產，降低成本，企業化管理，穩定品質，讓大家能喝到物美價廉的茶葉；從文化觀點來看，發揚傳統而優越的茶藝文化，發展具有代表性的茶葉，來被消費者所肯定。從這二方面齊頭並進，以國內2,000萬的人口而言，只要每人每年喝一公斤的茶，本省茶葉的市場還是很大的。但是如果業者不能共同合作，只知惡性競爭，則台茶會在外來進口茶的威脅下難以生存了。我們生產的茶葉種類多，各有特色，1980年前的十餘年間每年外銷量均達二萬公噸左右，銷售全球四、五十國家及地區，希望具備國際貿易潛力的青壯年茶友們走出島外，以滴水成渠的方式，開拓台灣各種特色茶的國際市場。

邱再發

【台灣茶業改良場場長】

談台灣茶業政策

邱場長是一位隨時面帶微笑的茶葉研究單位主管，隨和親切的待人態度贏得讚賞。他對於台灣茶業的發展投入極大的關心，尤其是科技研究方面。台灣茶業改良場是台灣茶業發展研究的最高學術單位。邱再發博士畢業於台灣大學，再赴美國修得碩士，旋赴英國布列士多獲得博士學位，觀念和作法給台灣茶業界帶來新的境界，本刊特別訪問邱博士，請他談談台灣茶業的看法和政策。

*　*　*　*　*

問　根據統計的資料，近十年來台茶在種植面積上減少了7,000公頃，產量降低11.5%，外銷量更銳減了50.6%，請問我們該如何突破這個瓶頸？

答　依據農林廳的政策，是希望茶葉的種植面積及產量能維持現狀，不要再增加了。政府的輔導方向是要讓茶葉在現有的種植面積下，改良更新品種，提高茶葉品質，推動機械化的採收及製造，降低成本，穩定品質，我們最終的目標就是希望能提高茶葉的價值，增加農民的所得。

我認為目前我們應該要努力突破的一個方向是：1.提高國內消費者茶葉的消費量。2.加強國外市場的開發。

要提高國內茶葉的消費量，希望中華民國茶藝協會能配合有關機關教育消費者，讓消費者去認識茶、喜歡茶。另一方面茶葉也需要企業化的經營，以現代化的行銷方式來推廣，例如開發年輕人所喜好的調味茶或罐裝茶，來吸引年輕消費者。過去傳統的喝茶方式是一種「文化」，而今天要打開茶葉市場，就必須要開發多種口味的茶，使年輕的一代也加入茶葉的消費市場。日本罐裝烏龍茶的成功就是一個很好的例子。在開發國外市場上，就需要有魄力的企業到國外去設立據點，建立自己的品牌，使台茶在海外能佔有一席重要的地位。

問 目前在國外非常風行加料調味茶，請問您認爲本省的茶葉界是否也應朝這個方向去發展？

答 茶業改良場是非常支持加料茶的發展，只要是添加的原料必需是天然的，無害於健康的，並且在包裝上明確的標示內容物及製造廠商，這樣的加料茶都是值得推廣的。除此之外，也希望業者能推出易開罐的調味茶及速溶茶。

問 據了解目前在大陸也正在推廣茶葉的種植，並挾其廉價的工資向國外傾銷，在國內目前也發現有走私進口甚至仿冒的大陸茶，請問這些大陸茶對台茶的發展是否會有很大的威脅？

答 目前在國內走私進口的大陸茶數量有限，尚不至於會對台茶造成威脅，不過對這個問題我們也需及早準備。本省的茶業在整個生產的技術上勝過大陸很多，品質上也比大陸茶穩定，所以我們必須在製茶的技術上多加努力，推動機械化、科技化的製茶技術，以提高品質、降低成本，將台茶發揚光大。至於市面上出現仿冒的大陸茶，這些都是不合法令規定的，消費者在購買時一定要小心辨認，不要隨

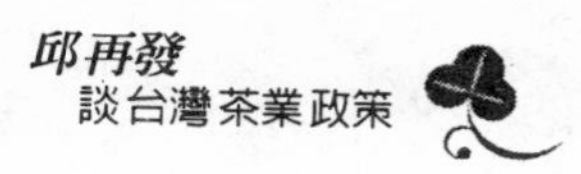

便買沒有標示內容物及製造廠商的仿冒品，以免受騙上當。

問 **請問您對機器剪茶、製茶的做法有何意見？**

答 茶業改良場非常贊成利用機器採代替手採茶人工短缺的問題，並推廣機械化的製茶。目前也大力推廣高級茶區使用機器剪茶。我們認為只要在茶園管理上做的好，注意種植時的行距，利用機器剪茶不僅可以降低成本，在品質上也勝過手採的茶葉。據統計，利用機器採茶一年在全省節省的成本約2億台幣，在產量上，機械化是手工製造的2倍，而且品質也較均勻，所以茶業改良場歷年來都在積極推動全省茶區機械化採茶及機械化製茶。

問 **在茶葉產、製、銷的過程中，政府有何輔導政策？**

答 政府的政策，是強調技術的改良與運銷的輔導。在技術改良方面，我們目前在推廣的有品種的更新，茶園的管理及機械化的生產，以提高品質與產量，降低成本，但不鼓勵茶園種植的增加。在運銷輔導方面，我們以進口的飲料或速食迅速成長為例，他們的成功都是靠運銷得法，而目前台茶每人每年消費量是0.6公斤，日本是1公斤，如果我們能透過運銷方面的努力來加強茶葉的消費，使國人的消費量和日本人一樣，則我們年產2萬噸的茶就可以解決了。而運銷與推廣方面，就需要業者與茶藝協會等努力去推動了。另一方面，農林廳計劃要推動衛星農場制——就是由政府輔導茶農種植技術，茶農採收後將茶菁送到中心工廠中製造，再請專家予以評鑑定價。這個制度的推行，將會一個茶區一個茶區的逐漸推行，希望能落實茶業生產技術的推廣及推行茶葉分級銷售制度，使生產者、製造者及消費者均蒙其利。

李團居

【茶商公會理事長】

談茶葉銷售問題

李園居先生為本會監事，從事茶業已經有很長的歷史，尤其是外銷方面；近年來，許多年輕一代投入茶業這一行，上一代與後起的一代，缺乏經驗和技術的溝通交流，形成許多陌生感。有鑑於此，本刊特別訪問了這位老前輩，請他談談目前台灣茶業的問題，雖然是簡短的訪問，但是，句句都是智慧的結晶。

* * * * *

問 最近市場上傳聞有外銷的茶遭到退關而流入國內市場，請問您是否知道有這種事情？

答 沒有。據公會知道這些年來從沒有外銷的茶被退關回來的。

問 近年來大陸挾其低廉的工資，在國外市場上以低價傾其茶葉，對台茶的外銷造成威脅，請問國內的業者應如何因應此一問題？

答 國內的外銷業者及茶葉生產業者，應注意提高品質，穩定品質，並以適當的工資來製造，降低成本，加強經營管理，只要我們的品質比大陸好，價格合理，我們和大陸茶還是很有競爭性的。

問 近十年來在國外市場上非常流行喝加料調味茶及草藥茶，您認為國內的業者是否應該在這方面多加發展，以滿足國內外消費者的要求？

答 自古以來，茶是沒有添加調味料的，若是消費者要喝調味茶，則必須在政府法令的許可下，才可以添加調

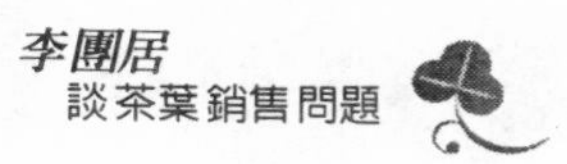

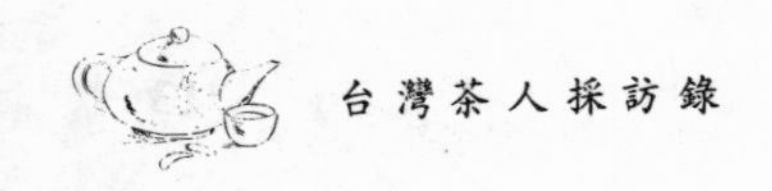

味的原料。我個人反對添加有害健康的化學原料。至於在推廣方面，只要是國外有這方面的訂單，我們當然應該做的。

問 **請問您認爲在茶葉外銷的過程中，業者是否也應注入現代的企業精神及行銷觀念，建立自己的品牌，以獲得更大的行銷利潤？**

答 這個問題可從二方面來說：

一、若是大批量散茶外銷，要建立自己的品牌就可能比較困難，因為國外買主都是買去後再包裝出去的。

二、小包裝的包裝茶應該要建立自己的品牌，不要仿冒別人的品牌，以免在國外引起商標糾紛。

問 **您是否可爲國內外銷茶葉業者提出一些建議？**

答 在外銷歐美市場時應注意要去配合他們喜好的口味，如果他們喜歡喝調味茶，我們也應該朝這方面去滿足他們。對於日本市場，由於日本對台灣的半醱酵茶一向都很有信心，而且不斷的增加進口量，我們應該在這方面提高優良品質，日本一年進口台灣的烏龍茶、包種茶、鐵觀音、綠茶等這四種茶即達五〇〇萬公斤以上，所以日本的市場值得我們去努力開發的。

沈征郎

【茶道文摘發行人】

談台灣茶文化

沈征郎先生在新聞界服務了二、三十年，由於家族及個人的因緣際會，讓沈先生成為台灣茶文化史上的一位尖兵，在台中創辦了頗有好評的《茶道文摘》，十餘年來，默默的耕耘，夜以繼日，沈先生在台灣蓬勃的茶文化發展中，有他一定的貢獻，今天台灣飲茶風氣的盛行，他功不可沒。1989年經范增平推薦當選為中華民國茶藝協會理事，又受聘為中華民國茶文化學會顧問。同時沈先生也是「台中市茶藝協會」的發起人。

沈先生為茶文化的貢獻，在現實的台灣社會逐漸被人淡忘，為使一位曾經苦心孤詣的茶文化工作者，不致被歷史所遺漏，因此，我們訪問了沈征郎先生。

* * * * *

問 **這些年來，您致力於推廣茶文化，出版《茶道文摘》，在漫長的堅持過程中，有沒有什麼感觸？**

答 大陸在官方的有力支持下，茶文化和茶文化考古的工作做得很透徹，我們台灣官方純粹只站在鼓勵的立場，由民間自行開展出來的茶文化研究，能造成風氣已非常難得。此外，茶產品目前在商場上已造成一個主要的熱點，我們從事文化推展研究工作的人，還是有義務要支持茶葉產品。

問 **據我了解，您很早就在做支持他們的工作了。**

答 民國63年左右，謝東閔先生為省主席，為改善茶農生活，推廣台茶，努力宣傳飲茶，我那時跑省政新聞，經常配合政策發佈新聞。

那時經國先生做行政院長，也很鼓勵台茶推廣，他經常到各茶區去喝茶，如鹿谷、松柏坑茶區都是他常去的地方。他去鹿谷時，總會去看我外公林朝陽先生。我外公很早就在竹山種真正的凍頂烏龍茶。此外我舅舅林丕耀先生曾任兩屆鹿谷鄉長，也很配合謝主席提倡喝茶的政策。

我自己也是喝凍頂茶長大的。因我媽媽每次回娘家都會帶真正的凍頂茶回來。

問 您在何時眞正開始研究茶文化的？

答 民國70年，我當選第二屆台中市茶藝協會理事長開始。

我們首先辦茶葉比賽，邀鹿谷茶農到台中來比賽。第一次舉辦時，茶農反應不熱烈，因怕評審不公，後來我們請張瑞成先生做主審，加上林丕顯先生大力促成，比賽才算辦成。評審結果也不離譜，於是這比賽才能每年接續辦下去。

問 您的《茶道文摘》是何時開始辦的？當初爲什麼想到辦這樣一個刊物？

答 我在當台中市茶藝協會理事長時，在協會內辦了一個刊物，我不當理事長後，這個刊物被商人左右變質了，沒人看了，所以我離開茶藝協會後，自己獨力創辦了

《茶道文摘》，以期將我的理想延續下去。

世面上有關茶的文章很多，所以我想到要把他們收集在一起，方便對茶文化有興趣的朋友們參考。

問 辦雜誌是很辛苦的事，您在這十幾年的堅持中，有沒有遇到什麼困難？

答 辦雜誌和開餐廳一樣，就怕師父走。我辦《茶道文摘》能堅持下去，興趣、理想當然是最重要的支撐因素，但更重要的一點是我懂得編輯，編、寫都可以自己來，不必求人。書的發行量和廣告也都還可以，所以在人力，經濟上能維持一個安穩的局面。就這樣一期一期的辦下去了。

但現在遇到一個難題，我很倚賴的一個助手，回去照顧中風的父親，所有校對的工作也要我自己來做，這就很煩了。

問 或許您找幾個人一起做，您只要抓住原則，讓《茶道文摘》的路線不偏離主題就好了。

答 這也是一個可考慮的辦法。我們好像都受到世新成舍我老校長的影響，凡事習慣事必躬親，有一種傻勁。我記得成校長九十歲時，還到金門街，親自校對重要的文章，我們同門師兄弟好像都有這種精神。

問 是啊！我弄茶也是這樣，一定要一輩子弄下去，像成校長那樣，要有些堅持，有些傻勁，這輩子才能幹些成績出來。

問 **您的《茶道文摘》現在發行量大概多少？**

答 大概一千五百本左右。現在麻煩的是每期累積下來的庫存書，我想把它清掉。

問 **或許可以和聯合報配合，舉辦一次有關茶文化的書展，請經濟日報、民生報等發點消息。**

答 這個應該沒問題。

問 **您出版《茶道文摘》有什麼收穫？**

答 您辦各種活動，對帶起風氣有立竿見影的效果。我的文摘出版，各界也有很多反映，說這刊物的水準很整齊。現在報紙、雜誌對茶消息已非常重視，與當年我們剛開始篳路藍縷推廣茶文化的狀況，已不可同日而語，可見風氣已經帶起。這可算這十幾年來辛苦的收穫吧！

問 **您的《茶道文摘》要想辦法制度化，好好弄起來，以後做得好，每期重要的文章，還可以在書前做個英文重點，這可使文摘走向國際化，學術地位也可提高。**

答 這是很好的做法。

問 **您在台中這麼久，可否談談台中茶藝館的發展情形？**

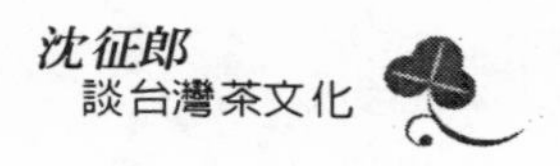

答 台中茶藝館的集中區還是在早期發展起來的地區。營業面積最大的應是「耕讀園」。他們還出版了刊物，這幾個年輕人非常有心，做得有聲有色。

問 經營茶藝館賺錢嗎？

答 不容易。茶藝館講究氣氛，所以裝潢的花費很大，店面租金又貴，成本很高，因此年輕人消費不起，他們大部分是往泡沫紅茶店跑。一般上茶藝館的，大概屬於比較感性的年輕工商業人士。上茶藝館有一點具高消費能力的表徵。

問 台中的泡沫紅茶很有名，經營的情形如何？

答 台中的泡沫紅茶店有幾百家，不斷的在增加，是年輕人創業的好項目。主要是賣泡沫紅茶，但其它的茶也賣，也有與餐廳結合的。台中一中、逢甲大學附近，泡沫紅茶一杯五百CC只要十元，有些店還在茶中加些粉圓，用機器搖，銷路很好，常有人排隊買。

問 其他的茶，那種銷路最好？

答 大概以冰綠茶銷路最好。站在我們立場，不管賣什麼樣的茶，反正只要與茶有關就好。

問 泡沫紅茶店與茶藝館比，數量上差距如何？

答 泡沫紅茶店要多得多，其中還有歐吉、列岸介等開的是連鎖店。茶藝館以前有幾十家，現在有些減少。

問 最近罐裝茶飲料風行起來，你的看法如何？

答 十年前我就和幾家飲料公司如維他露等提及，罐裝茶飲料可以上市了，我可以教他們做罐裝茶的秘訣。但他們說我不懂市場。等「開喜」上市，一炮而紅，他們雖然也跟進上市，但已落後了。

問 現在大陸茶又悄悄的進來了，您認爲會對台灣茶造成什麼影響？

答 我擔心的是福建茶。台灣人習慣喝烏龍茶，福建產的烏龍茶接近台灣口味，所以很可能威脅到台灣茶。我不大擔心綠茶，如杭州龍井等，比較難打市場。不過現在罐裝綠茶培養了一批新新人類的新客源，未來真正的勝敗，還是要經過一番市場的整合後，才能知道結果。

問 您對台灣茶業未來的看法如何？

答 大陸茶進來後，台灣茶不好混了。台灣茶要在體質上做一個根本的改變，不能再一窩蜂的盲目擴張。茶園的面積會縮小，技術不良、不適合種茶、破壞水土保育的山坡茶園，都應該要淘汰。此外，我們的內外銷市場的比例要重新評估。我們的農政機構也要注意大陸茶開放進口後的因應問題。

問 **對！我們講茶文化的人，一定要在學術的客觀立場上看問題，才能看得長久。有關茶的問題，好的要講，壞的也要講，不能淪爲商人的先鋒，才能對茶文化的發展產生眞正深遠的好影響。**

答 你說得對，我們兩個茶文化的老兵，還有許多要繼續努力的地方。

談到這，已是下午四點多了，我們還得趕回台北，師兄弟兩人就在相互期勉，依依道別聲中，結束了這次訪談。

紅日西沈，走在平坦的高速公路上，想到台灣茶業的前途，將是愈走愈坦蕩開闊呢？或是如西斜的紅日，光景無多？這契機是否就決定在眼前我們所有茶人的覺悟和努力上呢？

花松村

【茶藝協會的開創者】

談台灣第一個茶藝協會

△圖中立右者為花松村

花松村先生是一位頗具傳奇性的人物，他熱衷於政治活動，也熱愛社會活動，他參與各項社團也創辦社團，參選過地方議員的選舉，也參選過中央級的民意代表，但卻從來都未當選過，他從事出版業，主持「中一出版社」，也著書立說，有多項具有開創性的成果，其中「茶藝協會」的組織成立是很具體的一項。

「台北市茶藝協會」於1978年成立，是台灣最早的一個茶藝社團，不論他的色彩如何？這是歷史事實，不知道是什麼原因？有關茶藝發展的歷史研究者，總是有意、無意的忽略他。我是於1978年即參加台北市茶藝協會成為會員，雖然很少有什麼活動，但總得承認這段歷史事實，為此，我們特別採訪了花松村先生。花松村先生是一位很親切隨和的朋友，也是很有義氣和理想抱負的活動家，做為一位「台灣茶人」是有足夠的資格的。以下是我們的訪問內容：

*　*　*　*　*

問 **請問花理事長的成長背景**

答 我出生於台灣省彰化縣福興鄉，畢業於國立彰化高商，曾任福興鄉鄉民代表會主席、福興鄉調解委員會主席（連任四屆）。參加的政治活動也很多，如1969年11月15日參選台北市首屆直轄市市議員。1972年12月參選台北市區域立法委員。1978年12月23日參選台北市區域國大代表（台美斷交，選舉中止）。1980年12月6日恢復選舉，參選台北市區域國大代表。1983 年 12 月 3 日台北市彰化同鄉會全體會員推薦本人參選台北市區域立法委員。

發起組織的人民團體有：一、1971 年與黃石城先生、黃奇正先生等彰化熱心鄉親共同發起組織成立「台北市彰化縣同鄉會」，當選第一屆、第二屆、第三屆常務理事、第四屆常務監事（現擔任顧問）。二、1993 年 10 月 20 日發起組織成立「台北市花姓宗親會」，當選第一屆、第二屆理事長（現任名譽理事長）。三、1978 年 8 月 26 日發起組織台灣第一個茶藝協會「台北市茶藝協會」，當選第一屆、第二屆理事長（現任名譽理事長）。

個人的事業：1970 年 7 月 2 日創業松村企業公司。1972 年創立中一出版社。

個人著作：一、台灣人從那裡來。二、中華民國政府組織與職掌圖解。三、台灣鄉土人物全書全套三大冊。四、中國茶藝彙編全一冊。五、台灣人談台灣時事一套三冊。六、台灣鄉土全誌全套十二巨冊。七、台灣鄉土續誌全套八大巨冊。八、台灣鄉土精誌全套三冊。九、台灣五大選舉實錄二大冊。十、中華民國政治組織二大冊。

問 **請問花理事長成立「台北市茶藝協會」的動機爲何？**

答 本人有鑑於中國茶藝是優雅高尚的修養藝術，但在台灣幾近無人問聞的情況，於是在1978 年8 月 26 日發起組織茶藝協會，希望能復興國粹。

問 **請談談台北市茶藝協會成立迄今的沿革。**

答 台北市茶藝協會除第一屆、第二屆由本人擔任理事長外，至今已歷經六屆仍繼續舉辦活動。

問 **請說明台北市茶藝協會成立迄今的重要工作有那些？**

答 極力推動發展茶藝一直是本會努力的工作，其次是帶動全台灣品茶風氣。再其次是各地陸續倣效成立茶藝協會，1991年12月倡導奉祀陸羽茶藝祖師並塑造金身供奉祭拜。

問 **請問理事長對台灣茶藝文化的發展有何看法？**

答 茶藝是高尚的雅趣，可以陶養性情，如果與其他藝文活動結合，更可促成其迅速推廣發展。

問 **請談談老人和茶藝的情形。**

答 一些上了年紀的人，因為時間較多，為了打發時間，選擇喝茶與人交誼、消遣，是很好的休閒活動。老人茶藝是可以提倡的，以免老人耽於其他不良的嗜好。

問 **台北市的茶藝發展對台灣茶藝的發展有何特殊的意義。**

答 台北市是台灣茶藝的發祥地，帶動了全台灣發展茶藝的趨勢，其功不可沒。

問 **請問理事長對台灣茶藝的未來走向的看法。**

答 如果有適當熱心的人士領導，台灣茶藝將會更蓬勃的發展。

問 **台北市萬華區是台北市的老社區，也是較早期開發的社區，這個地區的茶藝特色如何？**

答 萬華地區老人茶店充斥，可能是台北市老人茶店最多的地方，而這些老人茶店許多是與色情交易有關，流於低俗和風化場所，有待導正。

問 **請理事長談對人生的看法。**

答 喝茶、品茶是人生高尚的樂趣，本人平素樂此不疲，忙於茶藝即可以忘卻業務勞累，享受清閒的一刻，有「一日清閒一日仙」的感覺。

國家圖書館出版品預行編目資料

台灣茶人採訪錄 ／ 范增平著.--初版. --臺
北市：萬卷樓, 民 91
面； 公分

ISBN 957－739－413－2 (平裝)
1.茶-營業 2.茶-文化 3.茶道

481.6 91017940

台灣茶人採訪錄

著 者：范增平
發 行 人：楊愛民
出 版 者：萬卷樓圖書股份有限公司
臺北市羅斯福路二段 41 號 6 樓之 3
電話(02)23216565．23952992
傳真(02)23944113
劃撥帳號 15624015
出版登記證：新聞局局版臺業字第 5655 號
網 址：http://www.wanjuan.com.tw
E-mail ：wanjuan@tpts5.seed.net.tw
經銷代理：紅螞蟻圖書有限公司
臺北市內湖區舊宗路二段 121 巷 28 號 4F
電話(02)27953656(代表號) 傳真(02)27954100
E-mail ： red0511@ms51.hinet.net
承印廠商：晟齊實業有限公司
定 價：300 元
出版日期：民國 91 年 11 月初版

ISBN 957－739－413－2